陪牠到最後
高齡犬照護指南

克蘿德・慕勒（Claude Muller）◎著
羅偉貞◎譯

U0002470

Le chien senior

by Claude Muller

目次

前言

被充分了解的老年期，是充滿希望的年紀。

雨果（摘自《哲學散文》（*Philosophie prose*））

　　由於現今的動物醫療技術不斷進步，無論是狗還是貓，寵物的預期壽命都在不斷增加。這時候對飼主來說，攸關他們年邁寵物的各種健康相關疑惑解答，便顯得迫切需要與實用。

　　的確，目前在法國境內，約有半數的狗及三分之一的貓牠們的壽命超過12歲，而且各種容易出現在老年動物的疾病，像腫瘤、退化性關節炎、心臟衰竭等等，已經開始纏上牠們了。

　　我的診療經驗大都跟老年疾病有關，本書所集結的內容，都是我每天在動物醫療上所遇到的問題。我希望經由我的回答，能夠對你們及家中的狗兒在日常生活中有所助益；我將儘量顧及你們所面臨的問題之各個層面，例如飲食、疼痛、行為改變等，並且也談到了癌症與死亡。

　　藉著這本書，我希望能和你們分享我在動物老年疾病這項精采有趣的專業領域中，所獲得的各種經驗；當然，最主要的目的，還是希望能延長這些動物伴侶所帶給你們的快樂。

　　一位人類老年疾病學者（Dr. G. Ribes醫師）說：「『老年疾病學』這門學問不在於延長生命，而是要讓生命再次容光煥發。」換句話說，我們不只要讓老年期無限延長，還要維持它的最佳狀態！

　　祝　開卷愉快

克蘿德‧慕勒

Claude Muller

Chapter 1

老化

「老化」的定義

老化不是病!這一章節將為你介紹「老化」的定義和外在徵兆,以方便你判斷家中的狗兒是否已經步入老年期,並幫助牠擁有一個舒適的老年生活。

老化是一個自然過程

「老化」似乎是個熟悉的概念,但卻又是特別難以定義的一個詞。

字典上說老化是個複雜的生理過程,它會導致個體日漸喪失對內部攻擊(指疾病)及外部攻擊(環境因素)的自我防禦能力。所以老化本身並不是病,也無法從幾個明顯症狀就做出定義——老化其實是生命當中的一個正常演化過程。換句話說,老化是我們從出生起就已經展開的自然過程的一種,在這個過程中,老化將牽連著所有的器官,而它最後的結局就是走向死亡。

老化容易造成器官衰竭,某些情形甚至會導致死亡。不過你要知道,在今天,疾病的致死率要比老化高得多。

老化有四項特點:

* 漸進而悄然地出現。
* 不可逆的特性。
  (不可能回復從前的狀態)
* 涉及所有器官。
* 症狀隨個體而有所不同。

即時治療

別把老化視為理所當然的事。沒錯,它可以是你的狗和你自己身體病痛的起源,但只要早期發現,就可以早期治療,這也是為什麼體檢那麼重要了。我們不應該再聽到飼主說「這很正常,牠老了嘛!」這類的話。

老化的演進

老化的現象可能有以下兩種不同型態：

- 「變老」：指一個老化中的個體所遭遇的生理上的改變。研究這種正常的老化過程的科學稱爲「老年學」。
- 「衰老」：指年老帶來的改變當中，帶有病理性的徵兆。專門研究病理性的老化科學稱爲「老年疾病學」。

由於這兩種老化演進型式之間的界線，並非涇渭分明，因此，這兩門學科有共同歸入「老年疾病學」的趨勢。

只要你能定期帶狗兒去看獸醫；或是你每年至少一次帶狗兒去接種預防針時；或者因爲發現牠出現了本書中所提到的一或多項不對勁的地方，而帶狗兒去看病時，獸醫師一定會爲牠做體檢，以評估牠的老化程度。

不過，有時狗兒雖然上了年紀，也就是說進入預期壽命的後三分之一階段（參照12~13頁），卻沒有出現任何病兆，這個時候，其實牠的器官確實有正常的老化現象，只是不一定有臨床症狀而已（參照15~17頁）。

壽命的延長

某些會影響人類老化過程的因素，同樣也會影響狗兒（詳見右表）。

簡單來說，狗要長壽，最好要體形小、已結紮、住在城市裡——當然，還不能有肥胖問題喔！

會影響狗兒老化的因素	
因素	長壽條件
遺傳	小型犬、不肥胖
飲食	多纖飲食、少攝取飽和脂肪酸
環境	住在城市裡，養在室內已結紮

我的狗兒
可以活多久？

　　你多麼希望你那忠實的夥伴能陪你一輩子，但，那是不可能的……。不過，你要知道，不是每個品種狗的壽命都一樣。所以當你在認養或購買犬隻時，要記得把這點列入你的重要考量之一。

體型

　　狗的壽命長短跟狗的品種和體型有關，體型小的犬隻牠的預期壽命要比體型大者來的長，如小型狗（體重低於15公斤以下）可達15年，甚至更長；相反地，如拉布拉多或德國狼犬的中、大型犬，壽命卻很少超過12年；至於巨型犬種（體重45公斤以上）的壽命，通常都在10年以下。挑選犬隻時，一定要記得挑一隻預期壽命中等的狗；否則當你挑了隻大型犬時，你至少可以避免這樣的驚喜：你的伯恩山犬才6歲，卻被被獸醫告知牠已經因為年紀大了，健康開始亮紅燈了！

　　塞拉德（R. Saillard）在他西元2000年所發表的論文中，以法國中央養犬協會（Société Centrale Canine, SCC）的犬種資料庫為依據，建立了每個品種的平均壽命值。這項研究總共觀察了91種不同品種的狗，觀察時間歷時17年（1983～1999），所有品種的總平均預期壽命為10.7歲（從5.6到13.1，中間差異頗大）。我們可以將這個結果分成兩大類：

- 壽命長的犬種：惠比特犬、貴賓犬、可卡獵犬、迷你杜賓犬等。

- 壽命短的犬種：伯恩山犬、羅威納犬、德國狼犬等。

　　下表為你列出了這項研究中，每個品種的平均預期壽命。請注意：這只是平均值，任何一個品種的狗都可能落於平均值外。

主要犬種平均壽命一覽表 （資料來源：R. Saillard之研究）	
品種	壽命
萬能梗犬	10.6 ± 0.6
英法獵犬	8.2 ± 0.6
阿里埃日犬	9.6 ± 1.1
蘇俄牧羊犬	9.8 ± 1.3
巴特西獵犬	11.0 ± 0.6
大型格里芬旺代獵犬	9.3 ± 2.5
巴吉度獵犬	9.4 ± 0.8
米格魯	10.4 ± 0.6
獵兔犬	8.7 ± 1.0
長鬚牧羊犬	10.9 ± 0.6
法國牧羊犬	10.0 ± 0.3
德國狼犬	10.6 ± 0.1
庇里西斯牧羊犬	11.2 ± 0.5
比熊犬	10.4 ± 0.5
瑪爾濟斯犬	10.5 ± 1.2
英國古代牧羊犬	11.0 ± 0.3
邊境牧羊犬	11.0 ± 0.9
伯恩山犬	8.9 ± 0.5
法蘭西斯畜牧犬	10.6 ± 0.5
拳師犬	10.0 ± 0.3

品種	壽命
德國短毛指示犬	11.0 ± 0.3
奧弗涅指示犬	12.2 ± 0.7
威瑪犬	11.2 ± 0.6
伯瑞犬	10.3 ± 0.2
布魯諾汝拉獵犬	10.1 ± 0.6
凱安梗	11.5 ± 0.8
貴賓犬	11.4 ± 0.2
迷你貴賓犬	11.3 ± 0.4
查理士王小獵犬	8.7 ± 0.6
吉娃娃	10.7 ± 0.9
鬆獅犬	10.8 ± 0.5
可卡獵犬	11.8 ± 0.4
美國可卡獵犬	10.7 ± 0.8
可利牧羊犬	11.2 ± 0.2
土雷爾絨毛犬	10.5 ± 0.6
混種犬	11.3 ± 0.2
大麥町犬	12.1 ± 0.5
杜賓犬	9.3 ± 0.3
德國大丹犬	7.8 ± 0.4
德國剛毛指獵犬	9.9 ± 0.7
布列塔尼獵犬	11.4 ± 0.3
法國獵犬	11.5 ± 0.7
英國獵鷸犬	12.6 ± 0.3
剛毛獵狐犬	10.7 ± 0.6
剛毛獵狐梗	11.2 ± 0.4
大型英法獵犬	5.6 ± 0.9
格里芬犬	11.4 ± 0.4
尼韋奈長捲毛獵犬	10.0 ± 0.9
格里芬旺代獵犬	8.7 ± 0.8
比利時牧羊犬	11.6 ± 0.4
哈士奇	9.6 ± 0.4
德國獵梗	6.7 ± 0.7
拉布拉多犬	10.1 ± 0.4

品種	壽命
蘭柏格犬	9.5 ± 0.4
阿富汗獵兔犬	11.3 ± 0.6
拉薩犬	10.2 ± 0.7
阿拉斯加雪撬犬	10.6 ± 0.8
比利時瑪利諾犬	11.2 ± 0.5
拿坡里獒犬	7.2 ± 1.0
大白熊犬	9.8 ± 0.4
北京狗	11.4 ± 0.4
杜賓	11.8 ± 0.4
迷你杜賓犬	11.6 ± 0.8
指獵犬	10.6 ± 0.7
普瓦圖犬	8.5 ± 0.9
布拉格瑟瑞克犬	12.3 ± 0.5
羅威納犬	8.5 ± 0.6
聖伯納犬	9.5 ± 0.5
薩摩耶犬	9.6 ± 0.8
雪納瑞犬	10.7 ± 0.6
巨型雪納瑞犬	9.8 ± 1.0
迷你雪納瑞犬	11.7 ± 1.2
蘇格蘭梗犬	11.0 ± 0.7
蹲獵犬	11.4 ± 0.2
英國蹲獵犬	11.0 ± 0.4
黃金蹲獵犬	10.5 ± 0.6
愛爾蘭雪達犬	12.4 ± 0.3
喜樂蒂	10.1 ± 0.8
西施	9.4 ± 0.6
臘腸狗	11.5 ± 0.3
紐芬蘭犬	10.3 ± 0.5
比利時坦比連犬	11.5 ± 0.5
威爾斯梗犬	11.6 ± 1.0
西部高地白梗犬	9.0 ± 0.7
惠比特犬	13.1 ± 0.5
約克夏	10.3 ± 0.4

其他條件

公狗與母狗的預期壽命本來沒有太大分別，不過牠們的壽命長短似乎會受到其他因素影響，例如已結紮的雌犬因為罹患乳房腫瘤的機率下降，因而比較長壽。

此外，混種狗並沒有比純種狗長壽，因此我們可以大致這樣說：雖然偶有例外，但是狗兒的壽命長短與體型有直接關聯──小型犬的壽命比較長，大型犬的壽命比較短。這個結果與我們對其他哺乳類動物的認知正好相反──一般來說，動物的壽命和體型應該成正比，例如大象的預期壽命為69歲，而老鼠大約只能活5年；然而這個特別的現象，卻一直無法得到解釋。

■ 你知道嗎？

非純種狗的壽命怎麼算？混種狗並沒有比純種狗來得長壽，牠們也會因年紀大了而生病。在評估壽命長短時，記得要把「體重」這項因素考慮進去。

狗兒從幾歲開始
邁入老年期？

對所有生物來說，個體邁入預期壽命最後的三分之一階段時，開始進入老年期。對狗來說，壽命長短與其體型有關，而成年期與老年期之間並沒有確切的分界點，對此，科學家也很感興趣，一直在持續研究中……。

疾病出現的時間

德國有項研究，調查了狗和貓族群裡某個特定疾病的首發年齡，希望藉此找出生命最後一個階段的起始點，研究結果顯示如下：

- 貓約在11歲。
- 狗約在6到9歲之間，視體型而定。

體型和品種兩項因子

有位名為Goldston的科學家，在1989年提出了一個依動物品種與體型大小而建立的老年起始年齡對照表，茲將其體型分類法舉例於下：

- 小型犬：約克夏梗犬、西部高地白梗犬等。
- 中型犬：布列頓犬等。
- 大型犬：拉布拉多犬、伯恩山犬等。
- 巨型犬：蘭伯格犬、紐芬蘭犬等。

狗、貓的老年起始年齡

狗	
小型犬	9.5~13.5歲
中型犬	8.5~12.5歲
大型犬	7.5~10.5歲
巨型犬	5.5~9.5歲
貓	11.9±1.9歲

換算成人類的年齡

狗與人類年齡的換算方式，通常是以狗的歲數乘以7後，另外再視其體型而定。這樣的對照其實還蠻貼切的。以小型犬跟大型犬對照來看，可以發現前者有較多的「狗瑞」。

人狗年齡對照表簡化版

狗齡	1	1.5	2	4	6	8	11	12	15	16	18	20
狗的體重												
<15公斤	20	24	28	36	44	52	64	68	80	84	90	**100**
15~45公斤	8	21	27	39	51	63	80	85	**100**			
>45公斤	14	18	22	40	58	76	**100**					

老化的徵兆

你的狗看不出年紀？這樣更好！然而，牠的器官一定已經老化並有了某些改變。雖然，不能將老化一律視為異常，但這樣會減低身體的抗壓力，也會減緩復原機制。

皮毛

皮毛是身體最明顯的部分，所以皮毛的老化往往也最先被注意到，例如：

- 毛量減少，生長速度減慢：被毛因為少了，就會讓狗看起來「禿禿的」。
- 被毛摸起來油油的、沒有光澤，並有毛髮斷裂的情況。
- 可能出現白毛（尤其是在吻部）。

- 皮膚失去彈性。
- 皮膚變厚，而且會在某些部位出現裂隙（腳掌墊和鼻頭）。
- 壓力點上可能長繭（肘部、踝部）。
- 皮膚上會出現結節，如囊腫和疣，有時還會有腫瘤。

消化系統

口腔、腸胃消化道、肝臟和胰臟等器官都會出現老化症狀。

口腔

- 牙齦炎及牙結石可能導致牙齒脫落。
- 因為唾液分泌減少，造成口腔乾燥。
- 10歲以上的狗，得到口腔腫瘤的機率變高。

肝臟和胰臟

- 肝臟細胞減少。
- 膽汁分泌減少。
- 由於胰臟分泌酵素的功能減弱，特別容易造成脂肪的不易消化。

經驗分享

預防勝於一切：如果你的狗已進入老年期，一定要固定帶牠去獸醫院做體檢，讓牠的健康狀態，維持越久越好。

腸胃消化道

- 食道肌肉張力降低。
- 胃酸分泌減少。
- 上皮黏膜細胞減緩更新。
- 即使逐漸年老，消化功能仍有可能良好。
- 結腸蠕動減緩，容易引發便秘。

泌尿系統

腎臟的運作功能因下列因素而變差：
- 腎臟細胞減少。
- 隨著血流量減少，腎過濾血液的功能也跟著減低。
- 尿量增加。
- 因爲括約肌的張力變差，狗兒容易漏尿。

心血管系統

當狗兒靜止時，心血管系統的負擔沒有太大的改變，但狗兒在有壓力的情況下（如劇烈運動、麻醉、發情等），即便沒有心臟病史的老狗，仍然有發病危險。

- 劇烈運動時，心臟輸出量（血液輸出能力）降低（可減少30%）。
- 運動時的最大心跳率降低。
- 心臟的幫浦功能明顯變差。
- 血管逐漸硬化（動脈粥狀硬化）。

呼吸系統

呼吸的老化症狀包括：
- 支氣管纖毛運動功能不全，導致無法順利排出所吸入的有害微粒。
- 咳嗽反應（具有保護作用的本能反應）降低。
- 肺部的氧氣交換功能減弱。

肌肉骨骼系統

肌肉骨骼系統的老化症狀有：
- 骨質密度減低，骨質再生能力退化。
- 軟骨脆化，關節囊內的潤滑液變黏稠。
- 脊椎退化性關節炎。
- 若先前已有關節問題，老化後則容易演變成退化性關節炎；或發生與年齡有關的韌帶鬆弛。
- 肌肉萎縮和肌肉所能產生的能量減少。
- 脂肪累積增加。

神經系統

中樞神經系統的老化，可能造成記憶力衰退和（或）個性改變，也可能導致漸進式的完全認知障礙（睡眠問題、發聲問題、喪失方向感、社會關係疏離等），使得狗兒再也無法在一般的情況下擁有正常反應。其他的老化症狀還包括感官功能降低、血管硬化所造成的腦部缺氧、神經細胞間的傳導物質紊亂和反應變慢等等。

視力

高齡狗兒的眼睛，可能會因為水晶體硬化（注意！不是白內障），而降低對光線強弱變化的適應能力（參照98~99頁）。另外，狗兒的瞳孔可能變形（對光線反應可能變慢），眼淚也有可能變得更濃稠。

免疫系統

當狗兒的免疫功能有缺陷時，便有可能危及生命。正因為免疫力會隨著年齡越來越差，所以狗兒終其一生都需要接種疫苗。此外，任何一種慢性疾病都會降低狗兒的免疫力。

血液循環

老化後，脂肪開始滲入製造血球的骨髓，此時若發生貧血（紅血球數量減少，血紅素含量也變低），犬隻的紅血球再生循環將會明顯變慢（可能減慢兩倍）。

犬器官構造圖

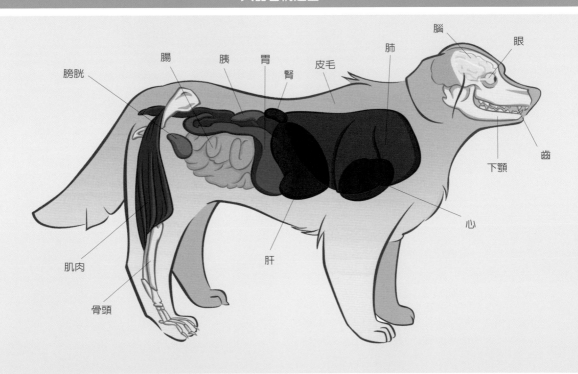

膀胱　腸　胰　胃　腎　皮毛　肺　腦　眼　齒　下顎　心　肝　肌肉　骨頭

狗兒的**身後事**

你的寵物剛剛離世，有可能是自然死亡，也可能是被安樂死；哀慟之餘，你還有一堆問題要解決，例如遺體要怎麼處理？埋葬還是火化？做成標本嗎……。

埋葬

你的獸醫當然不會在旁邊告訴你該做什麼，一切全憑個人感覺。有的人會把狗兒帶回家，然後埋在自己家裡或鄉下的房子旁邊，那裡往往已埋著好幾隻過往的狗兒；也有的人會把牠埋在動物墓地裡，在法國就有好幾座這樣的墓園。埋葬是追悼過程的一部分，就好像我們只有親眼看到某個人的棺材被放到墓底時，才真正意識到他（她）的離去。

可以將狗埋葬，但是要遵守幾項規則，因為（在法國），這可是有法律規範的：

- 動物的體重不得超過40公斤。
- 挖的洞要夠深（至少1公尺深），才不會被別的動物掘出。
- 墓的距離，一定要離住家、水井或另一個水源35公尺以上。

- 遺體上一定要先覆上一層生石灰後，才能覆土。
- 動物絕不可埋在公共場所內，例如公園或森林裡。

此外，為了避免製造傳染危機，死於傳染病的狗兒，我們並不建議埋葬。

你知道嗎？

另一種選擇——製成標本：有些飼主會找人把狗兒製成標本，這方面的專家手藝非常精巧，可以製作出非常精美的作品。不過，我並不覺得這麼做很理想，因為如此一來，飼主就沒有完成那必要的哀悼過程，而始終處於喪失愛犬的悲痛中。

個別或集體火化

　　火化與否，當然也要看個人意願與財力。傳統火化的價錢比較合理（也就是所謂的集體火化，將好幾隻狗兒同時火化），但個別火化就不一樣了，因為只有一隻狗，所以可以收集骨灰後裝罈，再交還飼主，當然，你也可以選擇不領回。與獸醫合作的專業寵物火化公司都非常誠信可靠，你大可放心。此外，若是選擇個別火化，你還可以見牠最後一面；甚至如果你想要的話，你也可以參加火化儀式。（編註：臺灣對此尚無專門的法律條文，畜主只能依一般廢棄物處置，或是前往台北市動物衛生檢疫所、其他鄉鎮之家畜疾病防治所等，申請合法火化。此外，也可以透過動物醫院或是民間業者處理，唯後兩者因無法可管，業者品質良莠不一。）

不要拿牠去做實驗

　　無論是集體或是個別火化，當你留下狗兒遺體時，你都需要填寫一張公家表格，由你和你的獸醫分別簽名，共同證實狗兒將被火化。和獸醫合作的火化中心都是合法經營，由政府管理的公司，他們絕不可能進行非法勾當，讓自己被勒令停業。

　　在法國，動物實驗很不盛行，我們是採替代性的研究方式（如細胞培養等），這些都需要在擁有大型實驗室的研究中心內才能完成。其實，把要火化的犬隻遺體拿去做實驗，這種行為將被所有獸醫所唾棄，因為這是件極度不道德的事。我之所以會提出來，是因為當飼主在決定是否要幫狗兒安樂死的時候，「牠不會被拿去做實驗吧？」是獸醫師最常被問到的問題。

Chapter 2

日常照顧
與飲食

還是照樣
洗澡與梳毛嗎？

帶著你的約克夏出去散步，牠在路邊的水灘裡玩水，搞得一身髒時，即便家裡有高齡犬隻專用的洗毛精，你也不知道該不該幫牠洗澡，因為害怕洗澡有損牠的健康。其實，很少會有不建議幫狗洗澡的狀況……。

保持乾淨很重要

注重老狗皮毛、眼睛、耳朵和牙齒的清潔，對於維繫人狗的生活品質都很重要，這甚至還是維繫人狗和諧的關鍵。你若注重狗兒的感受，牠就會過得好，看起來也會是隻討人喜歡的狗兒。

人狗之間的互動（撫摸、撒嬌、洗澡、散步、玩耍等）也很重要，狗兒就是在這些時候裡找到自己在家中的地位；同時這也是讓飼主學習以待人的社會原則（尊敬他人、友誼、愛、階級觀念等）同

樣去對待狗兒的機會，這樣狗兒才能在最好的狀態下，發展建立牠的社會角色。

此外，因為幫狗兒洗澡梳毛的過程中，飼主會觸摸牠，這也可能是提早發現狗兒的任何異狀，以便得以迅速治療的好機會；尤其像雌犬的乳房腫瘤這類癌症疾病，貴在越早發現，治療效果越好（參照96~97、104~105頁）。

皮毛的清潔

只要狗兒曾經得過皮膚病，幫牠洗澡時就一定得用洗毛精，即使上了年紀的狗兒也一樣；而且，因為老狗皮毛和表面的油脂保護膜狀況比較差，還要洗得更勤勞一些才可以。一定要挑選經常使用也無害的洗毛精系列，使用頻率雖然有個體差異，但是每個月使用一、兩次是絕對沒問題的，對居住在城市狗兒來說，也是最恰當的方式。

洗澡時，因為有關節炎的狗的關節會特別敏感，為了避免在搬動過程中弄痛牠，最好使用澡盆；如果沒有澡盆，可以一手托著牠的前胸、一手托著肚子將牠抱起，再輕放在浴缸裡。洗澡水一定要是溫水的，可以像為嬰兒測水溫那樣用前臂測試，並且在幫牠按摩時力道不可太大。

冬天時，洗完澡一定要用浴巾把牠擦乾，而且浴巾最好能預先烘熱，這樣狗兒才不容易感冒。

狗兒的美容要視牠的生活型態、皮毛型態、顏色而定，並且是要在無需麻醉鎮定的前提下才做。不要忘了提醒美容師，你的狗兒年事已高，也要把牠所有的疾病，還有幫牠處理時該注意的地方都要一併告知。

指甲可能需要修剪得比以前更頻繁些，因為狗兒現在比較少運動，也就連帶減少了指甲自然磨損的機會。

有時還需要動手幫狗兒擠肛門腺，以

避免肛門腺阻塞而感染。擠肛門腺其實不難，只要看過獸醫和美容師他們怎麼做，你就會做了，不過，當然也可以請他們來做。

除了以上這些基本的清潔工作外，還需要配合均衡與優質的飲食——尤其要能提供狗兒必需脂肪酸。還有，體內、體外的定期驅蟲、除蚤等動作，當然也不能少。

經驗分享

如果擔心你的老狗在浴缸內滑倒，可以在浴缸內鋪上止滑墊，如此一來，洗澡就方便得多了。

眼睛與耳朵的清潔

　　狗兒的眼睛和耳朵，都要用適當清潔用品仔細地定期清潔，有些狗還需要做耳道內除毛（像比熊犬、貴賓犬等），這樣做，可以顯著降低耳道發炎的機率，耳道內若有異狀，也可以提早發現。

口腔清潔

　　口腔清潔是老狗照護中很重要的一環。請注意，5歲以上的狗，半數以上的牙齒問題都和牙結石有關。因此，主人對愛犬的牙齒清潔工作，可是要持續一輩子的，這樣才能預防口臭並且避免發生那些不可逆的傷害，例如因顎骨壞死而造成牙齒脫落等。

　　狗兒的嘴因為與外界密切接觸，很容易成為細菌孳生的溫床；因此，請務必養成幫狗刷牙的習慣，一週至少三次，並且要使用動物專用牙膏——人使用的牙膏因為含氟量過高，狗吞下去後可能會想吐。此外，也可以考慮使用潔牙片，但潔牙片不能取代刷牙。

　　在清除牙結石、洗牙的過程中，常常會遇到需要拔牙的狀況（參照26~27頁），因此，洗牙前切記要先做好全面性的麻醉前體檢，並做好洗牙的優缺點與風險評估。

　　洗牙後要好好維護牙齒清潔，以儘量延遲牙結石再度出現的時間，並延長手術效果。要記住：拚命刷牙對患有牙結石的牙齒完全無效，刷牙不但無法去除牙結石，若是造成牙齦紅腫，刷牙只會讓狗兒感到疼痛。

　　對狗兒的牙齒健康而言，飲食再度扮演了重要角色，現在市面上售有各種專門促進口腔健康的飼料，可以請獸醫師提供一些建議給你。

如何對抗牙結石？

「爸！媽！Lucky的嘴巴好臭！」當你的小孩想要跟家裡那條年邁的黃金獵犬親熱時，才發現牠實在需要一番徹底的洗牙和刷牙！

牙結石

牙結石是牙齒上鈣化的牙菌斑，也是口臭的病因之一。牙菌斑通常無色，主要成分是細菌，會堆積於牙齒及牙齦上，如果一直不去管它，牙結石甚至會侵入齒齦下方。

到最後，如果連牙齒下方的齒槽骨也遭到破壞，牙齒就會鬆動，甚至會形成囊腫，讓狗兒疼痛不已。因牙菌斑累積而成的牙結石疾病，我們稱為「牙周病」。

你知道嗎？

牙結石不容忽視！牙結石是造成人類細菌性心臟病（如心內膜炎）的首因。所以，無論是人或狗，若是突然出現心雜音，一定要檢查牙齒。某些有心臟病（特別是瓣膜變厚）的人或狗，接受洗牙治療之後，醫生一定會開抗生素，以防口腔病菌轉移到心臟受損部位，讓病情愈發嚴重。

洗牙

牙結石一旦形成後，唯一真正有效的治療方法就是洗牙。在動物被全身麻醉後，獸醫師會用超音波洗牙機，配合狗兒大小的各種鉗子，還有牙科器械等特殊器具來幫牠洗牙。不過，因為需要全身麻醉，必須先仔細評估讓狗兒洗牙，或是讓牙結石繼續發展下去，兩者之間何者風險較大（參照70~71頁）。

通常除非狗兒身患重病（如嚴重腎衰竭、癌症末期等），不然醫生一般都會建議洗牙；因為牙結石這種口腔感染的疾病，除了帶來牙齒的問題外，牙菌斑當中的細菌，也隨時可能會透過血液傳輸到其他器官內，進而影響其他器官（心、肺、腎等）。通常獸醫師為狗兒洗牙後，一定會開抗生素藥物讓狗服用，這是因為擔心在洗牙過程中，細菌隨著血液他流而引發遠處感染。

獸醫師也可能需要拔除因牙結石堆積而鬆動的牙齒。有時候飼主會覺得沒有必要拔牙，但是如果牙齒已經鬆動，就代表牙齦與牙齒間有了空隙；如果牙齒沒有被拔掉的話，牙菌斑就會從中滲入，最後又形成牙結石。

預防之道

預防牙結石最好的辦法，就是從幼犬時期起就開始適度地幫牠清潔牙齒，如沒有這樣做的話，從發現牙結石後或是自洗牙後開始也可以。潔牙時一定要使用可減少牙菌斑又有殺菌功效的動物牙膏，或是狗兒專用的潔牙凝膠。

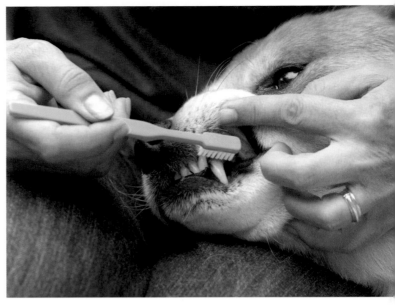

這些動物專用產品因為都具備殺菌功能，所以會比人用牙膏來得強效，但狗兒食入後對身體無害。要注意的是，潔牙噴劑和牙膏嚼錠因為在嘴裡的時間不長，所以效果不彰。

既然刷牙那麼重要，你可能會產生這樣的質疑：那麼，戶外的野狗怎麼辦？其實野狗在吃獵物時，咀嚼骨頭、皮膚和羽毛等動作，本身就是對牙齒的一種機械性摩擦作用（自然的刷牙）。但是養在家裡的狗就不一樣了，尤其是當牠吃的又是罐頭食物或是人類飯菜的話。

如果可以的話，能每天幫狗兒刷牙當然最好不過，不想勉強的話，至少也要每兩天一次，這樣才能有效保護牙齒。市面上有狗專用的牙刷，動物用潔牙凝膠也不需要洗掉——實驗證明這些產品能幫助減少約50%的牙菌斑，所以刷牙確實有用。

如果你的狗兒是天生容易產生牙結石的品種，像約克夏，那麼，建議給牠吃乾式狗食（乾糧），讓咀嚼帶動明顯的摩擦作用，然而即便這樣，它的效果還是比不上刷牙。此外，有些飼料廠商還特別開發了可以「抗牙結石」的乾糧，這種飼料質地特殊，可以帶動更多的機械性作用，減少多達20%的牙菌斑。

另外，你還可以給牠潔牙片、骨頭和耐咬玩具等這些具有機械性刮擦作用的東西，有些獸醫院販售的產品，還多了抗牙菌斑的化學作用（含酵素、氟等）。你的獸醫會針對狗兒的狀況，給你最恰當的建議。

經驗分享

要如何幫老狗好好刷牙？最好的方式，就是讓牠自小習慣——在幼犬期時就固定把手指伸入牠嘴裡，在牠的牙齒和牙齦上來回刷一分鐘。如此一來，到了真正需要刷牙的那一天，牠就比較能接受了。

除蟲藥危不危險？

正是因為你知道，除蟲藥是寵物犬中毒的頭號兇手，因此，你實在不敢在你的法國鬥牛犬身上下藥？！但是，別忘了跳蚤、壁蝨或恙蟲等，可是不會放過牠的喔⋯⋯。

兩者風險相當

狗的除蟲藥有外用和內服兩種，前者主要用來除跳蚤、壁蝨和預防感染（滴劑、噴劑、項圈），後者則是用來驅蟲（藥錠、口服膏等）。

雖然使用除蟲藥有可能造成局部不適（如施藥處紅腫），或發生因劑量錯誤而造成的藥物中毒，但是，除蟲的風險絕不會隨著狗兒年齡增加而升高，所以你的老狗沒有理由無法承受除蟲治療。

不過，如果發生中毒（這可能發生在任何年齡的狗身上），用的又是以前從未使用過的藥劑的話，老狗的中毒症狀可能

會比年輕的狗兒更嚴重或持續更久──老狗的的新陳代謝已經變差，因此代謝藥物的能力已經不如年輕時。

　　換句話說，狗兒的復原能力可能會因老化而有所改變，中毒對老狗的傷害，當然要比對年輕狗兒來得大。

經驗分享

選擇驅蟲藥時，最好選用你的狗慣用、曾經使用但從未出現過問題的藥劑。你也可以請教獸醫師，因為只有熟悉動物生理學的他，才能告訴你哪種藥對你的狗毒性最小。

寄生蟲是不看狗兒年紀的！

　　你真的以為跳蚤、壁蝨或恙蟲等，不會被你的老狗皮毛所吸引？很不幸的，沒有這種事──所有的科學研究都顯示，狗兒不論年齡，身上的寄生蟲分布全都一樣。

　　高齡狗兒因為少出門，飼主往往以為狗兒因此較不容易感染寄生蟲──就恙蟲或壁蝨來說，的確如此；但是對跳蚤來說，就不是這樣了。

　　事實上，跳蚤還有可能是被你帶進家門的──例如，跟著你的鞋底回家。此外，有90%的跳蚤家族（卵、幼蟲等）隱身於我們的居家環境中，例如地毯、扶手椅、沙發、小地毯裡或木頭地板縫裡。所以，即便狗兒不常出門，照樣會受到感染。

　　體內寄生蟲因為是人畜共通傳染病（尤其是消化道寄生蟲），為了避免傳染給人，不論狗兒的年齡為何，請務必要固定

為牠驅蟲，至少每6個月一次；如果狗兒又跟家裡的幼童有所接觸的話，更有必要驅蟲，因為小孩很可能在摸了狗兒之後再把手放嘴裡，寄生蟲卵就此生吞下肚。

　　人遭到感染的症狀不一，輕則腹瀉，重則可能因幼蟲寄生於眼球內，造成永久性失明。

你知道嗎？

寄生蟲所引發的多種疾病：跳蚤、壁蝨等體外寄生蟲，會把細菌和可能引發嚴重疾病的寄生蟲傳染給你的狗，例如腸道寄生蟲、焦蟲病、萊姆病和立克次體感染等。
人畜共通傳染病稱為zoonoses（參照30頁），例如犬蛔蟲、黴菌感染，或是疥癬蟲症。

牠還需要
繼續吃驅蟲藥嗎？

牠小時候第一次帶牠去看獸醫時，獸醫建議你要開始替牠驅蟲：幼犬期是每個月月初讓牠吃驅蟲藥，然後成年後再改成每3到6個月吃一次。但現在牠都是老狗了，根本不常出去，你不知道驅蟲藥還是不是要繼續吃……。

驅蟲藥的重要性

驅蟲藥有口服型（藥錠或口服膏）和注射型，藥效快，而且直接攻擊體內的蟲，特別是腸道寄生蟲。腸道寄生蟲有扁蟲（如條蟲）與圓蟲（如蛔蟲）兩大類。

獸醫會根據感染症狀，建議適用的驅蟲藥種類。雖然動物藥廠開發了廣藥效性的驅蟲藥，強調同一種藥物可以殺死更多不同的寄生蟲，不過這些通常都是針對幼犬和成犬的藥物。

有寄生蟲，但不一定看得到！

腸道寄生蟲的傳染方式各異，大多都是藉由糞便感染，而我們永遠也無法確定這會不會發生。舉例來說，你摘了自家花園裡的菜給狗吃，正好上面留有貓的排洩物，而你又偏偏沒把菜洗淨，狗兒就可能因此得到寄生蟲──甚至牠只是聞了或吃了別的狗或貓的糞便也有可能被傳染。最後，犬腸道寄生蟲最主要的傳染途徑還是透過跳蚤：事實上，跳蚤會傳播一種小小的「瓜實條蟲」（Dipylidium，又稱犬條蟲），這種條蟲的成熟節片，外觀大小就跟米粒一樣。

此外，如果你的老狗得到了寄生蟲，牠的消化症狀會比一隻年輕成犬來得嚴重，這是因為老狗的免疫力比較弱，而且

牠身上可能還有別的疾病。

人的肉眼是無法分辨腸道寄生蟲的，因為寄生蟲通常很小，得用顯微鏡才看得到，而且寄生蟲又隱藏在糞便裡，就算大到能為肉眼所見，也要把糞便撥開才有機會看到。

注意人畜共通傳染病！

有些腸道寄生蟲可由狗傳染給人，而最容易受害的就是孩童們了。因為寄生蟲的卵可能藏在狗毛裡，小孩摸了狗後再把手放嘴裡，就吃下了蟲卵。人類感染寄生蟲的症狀，有時會發生消化道問題（如嘔吐、腹瀉），也可能造成神經或視覺系統的問題（嚴重的話會導致失明）。

牠需要**更換食物嗎**？

當你的狗年紀越來越大，你會覺得應該要幫牠改變食物。事實上，適度的飲食調整確實可以延緩老化，並避免某些疾病過早出現（如腎衰竭等）。但是，請不要忘記牠是老狗，不是病狗啊！

科學上的理由

一隻健康老狗的能量需求，大約是同品種、同重量成犬的90%。

邁入老年的狗兒需要調整飲食，以符合下述幾項具有科學依據的要求：

- 老狗就跟老人一樣，食量會變小，因此，食物要能讓牠有好胃口。
- 要提供符合牠真正需求的能量：老狗的能量需求，通常會因運動量變少、偏向靜態生活而降低。
- 避免腎臟負荷過重：提供分量適中的「好蛋白質」，也應限制磷的攝取量。
- 不要增加心臟負擔，要限制鈉鹽的攝取量，但如果狗兒沒有高血壓的問題，不至於需要提供無鹽飲食。
- 由於老年狗經常便秘，為了促進腸道蠕動順暢，補充膳食纖維非常重要。
- 狗跟人一樣，也需要維持正常的骨質密度（預防骨質疏鬆症），所以應該補充足夠的鈣。

你知道嗎？

小心用鹽！老狗一定要限制鹽分的攝取量，否則不僅對心臟不好，萬一高血壓發作，那可就危險了。通常在獸醫院和寵物店出售的老牌高齡犬飼料，對鹽分含量都會有所控制，但是大賣場賣的飼料可就不一定了，所以要看清楚。

特別飲食

由於老狗適應環境改變的能力越來越差，飼主絕對不能一下子突然改變牠的飲食習慣。如果你的狗以往吃的是肉類和蔬菜，而你想要讓牠從13歲起一下子就吃老狗乾糧的話，你不僅注定要失敗，而且還會給狗兒造成壓力，引發身體上的失衡和疾病。

大部分的飼料商，都有販售針對高齡犬的飼料系列（乾糧或罐頭）食品，這些飼料不僅品質優良，也都符合上述幾項要求。此外，目前一般都會在飼料裡添加抗氧化物，似乎也真的有延緩老化功用。

無論如何，為了不擾亂牠的腸道菌叢生態，若要改變飲食，至少要有6到10天

自製狗食

以一隻11歲、7公斤重的貴賓狗來說的話，牠每日的能量需求約為550卡（可以請獸醫師根據你的狗兒體重和活動量，幫你計算牠的能量需求）。為了配合這項需求，以下這五種材料的組合就可提供牠一日所需，還可以補充五十種必要營養成分：

- 170克的瘦肉（牛絞肉、馬肉等）。
- 180克的蔬菜（胡蘿蔔、四季豆、蔥、節瓜等）。
- 240克的米或麵（要煮得很爛，並在煮後秤重）。
- 一茶匙蔬菜油（菜籽油或大豆油）。
- 10克的礦物質與維他命綜合補充劑，其中鈣的含量要為9%（要無磷），這種補充劑可以在獸醫院買到。

的過渡期。在這段過渡時間，一開始先把新、舊食物摻在一起，隨後漸增新食物的量，到最後完全換除舊食物。

也就是說，前4天新舊飼料的比例是1：1，接下來三天是2：1，最後三天是3：1。

如果是自製狗食者，以下是幾點建議：

- 80%的蛋白質來源必須是肉、魚或蛋類：動物營養學家建議使用雞胸肉、脂肪含量5%的牛絞肉、馬肉、兔肉或油脂含量較低的魚（如青鱈saithe、綠鱈Colin等）。（編註：這裡的Colin其實是Pollack，也是大賣場販售時所使用的名稱）
- 肉要煮熟，不可含有筋膜（肌腱和纖維）或肌腱。
- 可以自植物油中補充必需脂肪酸（例如有名的Omega 3和Omega 6）。大豆油和菜籽油中的Omega 3和Omega 6比

例最佳。

- 可以用煮熟的四季豆、蔥或胡蘿蔔來補充膳食纖維。
- 加點鹽可以增加食物的美味，但一定要適量。
- 盡量避免高磷食物，例如麥麩或過量魚肉。

記得定期幫狗量體重，保持固定的體重是狗兒能適應新食物的最好指標。

經驗 分享

如果你的狗很容易腹瀉的話，你可以天天給牠吃優格（可以選擇零脂肪優格，以減低脂肪攝取量），因為乳酸菌屬和其他種乳酸菌都可以促進腸道蠕動。但是，如果症狀還是沒有改善的話，你就得帶牠去看醫生了。

如果牠的腎臟有問題，

給牠吃什麼好？

慢性腎衰竭是老狗常見的疾病之一，病因往往是因為腎臟的過度老化。要避免症狀惡化，必須要給予藥物治療，但適當的飲食調配，也是治療的一部分。

腎衰竭狗兒的能量需求

狗兒對食物的能量需求，可以從下列這個複雜公式計算出來，這個算式把體重、年紀和疾病都列入了考慮：

每日能量需求 = 156（Kcal/day）× k1 × k2 × $W^{0.67}$

- W 是指體重，以公斤計。
- k1 是與年齡有關的係數：成犬是 1，老狗是 0.8，所以說後者的能量需求會減少 20%。

- k2 是與健康程度有關的係數：一隻健康的狗是 1，有慢性腎衰竭或心臟病的狗則是 0.8，也就是說後者的能量需求會減少 20%。

因此，一隻有慢性腎衰竭的老狗，牠的總能量需求會減少 36%。如果你的狗吃得比以前少，那是因為牠需要的能量變少了的關係。

飲食調配

首先，不要再給牠吃魚，因為魚肉的含磷量還蠻高的，治療腎衰竭的基本飲食原則就是要少磷，否則會加劇腎的損壞情況。倘若你的狗只吃魚不吃肉的話，那就挑選油脂含量低的魚給牠（如青鱈、綠鱈等）。

肉類是正確的蛋白質來源，但是也得適量——動物性蛋白質應約佔總攝取量的 70 到 80%，其餘應攝取植物性蛋白質。肉的品質要好，儘量挑選白肉（雞肉、火雞肉、兔肉等）和瘦肉，盡量避免挑選有太多肌腱與筋膜的部位。

絕對不要給牠吃人的飯菜、火腿、罐頭、鹹餅乾和乳酪，因為這些東西的鹽分（鈉）都太高，吃下去只會更加傷害已經受損的腎臟。

我個人認為，飼主要特別留意腎衰竭狗兒的飲食，尤其是那些內含高磷、高鈉、高蛋白的禁忌食都絕對不能碰。

經驗分享

建議還是優先選擇獸醫院裡販售的腎衰竭狗兒專用處方飼料，因為這種飼料的營養既完整又均衡，完全符合狗兒的特殊需求。

我的老狗有心臟病，
牠能吃什麼？

就跟腎臟病一樣，慢性心臟衰竭狗兒飲食——無論是是市售飼料或是自製狗食，也有許多地方需要特別留意，以免病情加重。

禁忌食物

心臟病狗兒的飲食原則就跟人類一樣：要低鹽。所以人的飯菜、火腿、罐頭、鹹餅乾或乳酪等，都盡量不要給狗吃；另外，如果牠還有高血壓的話，這些食物就更是違禁品了。

不過，就算狗兒沒有高血壓，也最好還是不要給牠吃這些高鹽食物。

跟人類有所不同是，狗兒的鈉攝取量只有在心臟衰竭非常嚴重時，才會依照獸醫師的決定而有所限制，人類則是自患病初期就要嚴格限制。

> **經驗分享**
> 建議還是優先選擇獸醫院裡販售的心臟病狗兒專用處方飼料，因為這種飼料的營養既完整又均衡，完全符合狗兒的特殊需求。

理想的飲食

以市售飼料來說，現在各家飼料廠都推出了專門的心臟病處方飼料，這些飼料中的蛋白質、鈉和鉀的含量，都經過特別計算。

這些處方飼料在獸醫院都買得到，有乾狗糧飼料，也有罐頭形式。

就自製狗食而言，最重要的內容是要能提供良好蛋白質來源（白肉如雞肉、火雞肉、兔肉；或瘦的紅肉如牛絞肉、沒有脂肪的羔羊肉、牛舌等），至於攝取量，倒不必要像腎衰竭的狗兒有那麼多限制（參照34頁）。

相反地，攝取足夠的蛋白質能幫助狗兒抵抗「惡體質」，這種「惡體質」會造成狗兒身上肌肉和脂肪組織逐漸流失，威脅到狗狗的健康。

幫狗量血壓

量取狗兒血壓的方法，要先把小的束帶綁在腳上或尾巴上，再用聽診器來聽脈搏音。狗的正常血壓應該是160毫米汞柱。

其實幫狗兒量血壓並不是一般獸醫的例行檢查內容，一來是因為幫狗量血壓很費時，比人還久（需要剃毛），還需要有特殊儀器；其次，跟人相較起來，狗兒得到高血壓的機率較低，所以不需要定期追蹤。

給牠吃糖會不會
造成失明？

老是有人告訴你吃糖對狗很不好，會讓牠瞎眼，所以你都不給牠甜食，不管牠怎麼裝可愛也沒用——這都是為了牠好嘛！

對醣類的需求

大部分的食物裡都含有糖分，又名「碳水化合物」。每種食物裡的碳水化合物含量都不同，有的還是百分之百。

狗需要碳水化合物沒錯，因為碳水化合物是能量的主要形式之一；但攝取過多時（例如常吃方糖），血糖代謝不及會導致血糖過高，這就是「糖尿病」。即患者的尿液裡常帶有糖分（尿糖），可能會看起來黏黏的，像糖漿一樣。就算沒有演變成糖尿病，攝取過多糖分勢必也會導致肥胖。

除非狗兒有糖尿病，不然偶爾給牠吃點甜食，通常不會對牠的健康造成任何影響；但是，卻會影響牠的行為——給牠甜食等於在鼓勵牠向人們討東西吃，尤其是當大家正在用餐的時候。

> **經驗分享**
>
> 絕對不要讓狗兒養成吃甜食（糖、蛋糕、糖果、巧克力等）的習慣——那不是牠該吃的東西。況且你給牠糖吃，與其說是為了牠，還不如說是為了你自己。當你看到牠向你乞討時的樣子，你有被種依賴的感覺，而你的自尊心也在有意無意之間得到了滿足。

適量為宜

對人類的糖尿病患者來說，血糖過高容易導致「白內障」（一種水晶體變白，失去透明度的疾病），還有視網膜（眼底）病變。其中後者又被稱為「糖尿病視網膜病變」，有可能導致完全失明。

但是，在有糖尿病的狗兒身上，我們只觀察到水晶體病變：一種突發性的雙眼白內障。從幾天到幾週內，狗兒的雙眼就完全混濁，變得視力模糊。有時候，狗兒甚至是因為白內障的問題被飼主帶去檢查，這才發現牠有糖尿病（參照98~100頁）。

無論如何，偶爾給你的狗一顆方糖並不會害牠失明——造成失明原因有可能是因為先天的糖尿病體質、過度肥胖，或是服用的藥物（尤其是可體松）讓牠容易有糖尿病。還有，不是每隻得了糖尿病的狗，都會得到白內障。

Chapter 3

行為與
生活方式

老狗對嬰兒
具危險性嗎？

不論是什麼年齡、品種或個性的狗，都有可能在某天兇性大發，對人類構成威脅；那麼，脆弱的嬰兒，就更不用說了，所以千萬要小心！

各種危險

嬰兒很脆弱，既無法自衛也缺乏警覺性，幾乎等於完全任憑狗兒處置。狗兒可能因為寶寶的一個突然動作去咬他，也可能因為想跟他玩，或想接近、聞聞這個陌生的東西，而在過程中不小心把寶寶抓傷。如果是隻大狗，還有可能會撲倒寶寶，或是晃動他的躺椅或搖籃。

你知道嗎？

有關「惡犬」的法律條文：羅威納之類的狗兒正是1999年4月27日所通過的法令中，定義的「可能具危險性」犬種。這類犬隻的飼主應負起責任，主動為狗戴口罩，購買某種特定保險，以及跟市政府報備等義務。
（編註：我國於2000年公佈具攻擊性寵物及其出入公共場所該採取之防護措施，詳細條文請參考農委會動物保護資訊網之法令天地，網址：http://animal.coa.gov.tw）

一旦家裡有了嬰兒，狗在家中的地位就會有所改變。如果你的狗自認為地位高於你的寶寶，你一定要執行所謂的「降級」動作，也就是說要把狗的地位降到小孩之後，例如不准牠進寶寶的房間、餵奶時不准牠接近等。此外，絕對不要讓寶寶單獨和狗兒留在同一間房裡，或是把寶寶放在地上；因為你無法預期自己不在時，寶寶會做什麼、狗又會有什麼樣的反應，或是當狗兒跟一個還不太認識的人在一起時，會有什麼反應。

但是，也要儘早教導小孩尊敬狗，例如不可以去扯牠的毛、拉牠的尾巴或耳朵、牠在吃飯或睡覺時不可以去吵牠、不可碰牠的碗和床等等。你的狗就是因為不會說話，無法告訴小孩牠不喜歡這些行為，所以牠的反應不是逃就是攻擊。因此，即使是個性很好的狗，也可能在被小孩逼到無路可逃時張口咬人。

從醫學角度來看，狗可能會把寄生蟲傳染給小孩，因為小孩很可能在摸了狗兒後又把手放嘴裡，就順便也把寄生蟲卵給吞了下去。其實要預防感染，解決的方法既簡單又有效：那就是定期為狗驅蟲，一年至少要有兩次，最好能到四次。

經驗分享

有些老狗無法忍受半夜裡的嬰兒哭聲，通常這是因為牠們之前從來沒有過這樣的經驗。這時候我建議父母要把哭鬧的嬰兒抱起來，秀給狗看，讓牠了解這深夜裡的噪音是怎麼來的。

牠需要安靜

上了年紀的狗通常都很穩重，比較不會對寶寶產生好奇而想去看他，所以危險性要比一隻年輕的狗來得低。不過，老狗並不喜歡被打擾，如果孩童一直來煩牠的話，牠可能就會兇性大發，所以你一定要隨時盯著他們，寸步不離。

不過也不要完全阻止他們接觸，只要注意小孩不能對狗太暴力，還有狗是否已經不想玩了而小孩仍不想停。

通常老狗比較敏感，比較不能接受環境中的巨大改變，我們可以這樣說：老化讓狗兒對環境改變的適應力變差了。如果對父母來說，小孩的到來就像生活中發生了大地震，那麼，他們的老狗同伴心裡會是什麼滋味呢？

不管主人有意或是無意，從前牠一直是主人關心的焦點，然後突然就掉到了第二位。標準混亂的結果很可能造成牠行為上明顯的改變（一種沮喪的形式），其中一個症狀就是可能會出現攻擊性行為。

此外，即使你試著不讓牠有被冷落的感覺，散步的次數也盡量跟以前一樣，但你給牠的時間一定變少了，難怪有些老狗會把嬰兒視為始作俑者而「把氣都出到他身上」。

其實，這是人的觀念，與真實情況不符，但卻很能解釋某些狗兒對於家裡多了個寶寶所產生的行為反應。同樣地，解鈴仍需繫鈴人，還是得由你來讓老同伴安心，幫助牠在新階級中重新定位，給予牠新的生活標準：有變化的散步、在你的陪同下持續地和寶寶有所接觸等……。

天生的攻擊性

目前動物行為學家的看法是，即使狗的攻擊性中，有一大部分與人類給牠的教育有關，但仍舊可能是「天性」使然。

這也就是為什麼，有些品種的狗兒危險性比別的品種高，因為，這些狗兒多少年來（甚至是好幾十年以來），就是因著他們的超強戰鬥力和防禦力，受到人們的重用。所以，要特別提防美國史特富郡梗（American Staffordshire Terrier）、阿根廷杜高犬（Dogo Argentina），或是杜賓狗（Dobermann）這類猛犬，尤其是旁邊有小孩在場時，因為未滿5歲的孩子，並不了解狗兒那些帶有威脅意味的動作。通常

被狗咬傷的受害者都不是陌生人，而是認識狗的人（如飼主、家人等）；不過你要知道，這類意外多半是小型犬所造成的，尤其是貴賓狗和約克夏，反而很少由那些兇悍的狗兒（請參照40頁的小方塊文）造成。即便如此，這些護衛犬或攻擊犬的上、下顎既強大又有力，所造成的傷口將會比較深，也比較嚴重。

總之，除非這隻狗兒將來是要當工作犬（守衛等），不然我們完全不建議飼主去教一隻被歸類為「危險」的狗兒怎麼攻擊，就是因為害怕有一天牠的「本能」突然浮現，讓人難以控制。

如果牠不再聽從我的命令

怎麼辦？

從以前到現在，你的狗一直讓你引以為傲，因為只要輕輕吹個口哨，牠就會迎向你。但是，在過去的15天當中，無論你怎麼叫牠，牠卻都無動於衷；你忍不住開始擔心：到底發生了什麼事？

健康問題

在做出「我的狗不再聽話了」這個結論前，請先檢查看看牠的聽力是否有問題。如果你的狗因為中耳炎、神經退化或腦部疾病（致使腦部無法再整合聲音訊息）等造成聽力受損的話，牠自然無法服從牠聽不到的命令（參照92~95頁）。

如果聽力沒問題，那麼很有可能就是牠無法執行你的命令，例如罹患退化性關節炎的狗兒，在早上睡醒時關節會比較僵硬，若是要牠立刻起身跟你出去散步，可能就真的有點困難了。

讓狗兒變得對環境比較不敏感、失去興趣的原因，也有可能是因為牠的腦部老化了。這是因為腦部老化後，腦神經細胞數量減少、連結變差，再加上細胞新陳代謝衰退所致。

還有一些老狗會出現「返老還童」現象：當腦部老化讓狗兒喪失環境適應能力後，牠會表現出一些類似幼犬的行為，例如吠叫不停、主人不在家就撒野搗亂等。

經驗分享

要測試狗兒的聽力，可以搖搖牠的碗或揉揉錫箔紙。即使不餓，牠也應該會抬頭看看你在做什麼。

行為問題

在前面我們說過，一定要先檢查狗兒是否罹患某些病變如耳聾、嚴重的退化性關節炎、心臟衰竭等，才導致牠無法回覆你的命令。先仔細觀察後，再帶牠去見獸醫；經過一番徹底的臨床檢查後，醫生就可以告訴你牠是否有病。

如果狗兒都沒有病，那就要考慮行為方面的問題。你的獸醫師會從狗兒的整體行為中，試著去找出焦慮症或憂鬱症的症狀，例如亂大小便、破壞東西、睡前到處亂晃、晚上無法入睡、亂吠、晚上嗚咽或逃家等，這些常被視為病理行為的表現。只要獸醫師能夠確診，這些行為問題都是可以治療的。

老狗可以處罰嗎？

當你的老夥伴做錯事時，你實在不知道該怎麼辦好……，不管牠的年紀多大，對狗狗的教育都要以獎勵為優先，盡量不處罰。但是，有些行為就不能不罰了……。

處罰的原因

你處罰一隻年輕的狗或是一隻老狗的原因不會不一樣——可能是為了當面制止牠在家裡或在人行道上解放（水溝裡也不行），或當牠對家人或客人露出兇狀時。如果你的老狗出現咆哮或想咬小孩的行為時，你的反應特別重要——即使這類的行為背後的原因，往往是因為狗兒感到陌生而害怕（牠成長的環境裡從來沒有見過幼童），或希望小孩走開、不要來煩牠（因為小孩拉牠的耳朵等），你也要讓狗兒知道牠的行為是不對的。狗兒因為知道自己在家裡的階級地位，牠很快就會知道不可以兇客人。

但如果牠會在家裡尿尿，你又發現牠有喝多、吃多或頻尿等狀況時，就不要再罵牠了，而要趕快帶牠去看醫生，好了解這些症狀的真正原因（參照86~87頁）。

有時因為主人會對上了年紀的動物比較不嚴厲，狗兒就會得寸進尺，想多得一些優勢，所以牠會跳上你的床或沙發這些以前牠不能去的地方。千萬別為了要討牠高興而順從牠，不然以後你就麻煩了！你應當做的是立刻叫牠回窩裡去，因為你拒絕接受牠的「任性」。

有效的處罰

處罰要有效，必須遵循某些原則：

- 處罰要立刻：如果你沒有當場抓到牠做錯事的話，那處罰就沒用了。處罰只有在犯錯的當下執行才有意義。
- 處罰要配合效果：罵狗時要提高音量，而且只需短短幾個字就好（「不乖！」、「回去（指狗窩）！」），還可以加上動作，如輕打牠的屁股一下或

你知道嗎？

輕打一下：狗可以分辨得出主人是在打牠或摸牠。所以，與一般觀念不同的是，必要時主人可以用手打牠以示懲罰。

捏起牠頸部的皮膚（對小型狗而言）。但是如果狗兒在家裡隨地便溺的話，實在沒有必要把牠的頭按在尿裡。

牠可以**繼續運動嗎？**

你的可卡獵犬已經10歲了，因此你認為沒有必要再讓牠跑跳玩耍，因為那樣太危險了。其實狗的運動量是要看健康狀況而定，而非依牠的年齡。

幾項重要禁忌疾病

如果你的狗兒已經有很嚴重的心臟病，那麼，牠當然就不適合走很遠的路或快跑，因為那樣可能會加重牠的病情。當心臟衰竭發作時，因為心臟輸出到全身的血液量會比平常來得少，患者就會比較容易疲累，比較無法承受突然或長時間的劇烈運動。

不過，就跟人類的心臟病患一樣，狗兒也需要維持最少量的運動來「強健」心臟，所以有心臟病的狗兒，絕不能一天到晚只待在窩裡不動。

同樣的，如果你的狗兒有很嚴重的退化性關節炎而行動不便的話，牠也無法長時間運動（參照84~85頁）。退化性關節炎通常是「突然發作」（在睡醒時或運動後幾個小時）。以你的狗來說，牠可能很高興地聽你的話跟你去散步，但隔天牠就站不起來或無法正常走路。

但是，關節——特別是罹患了退化性關節炎的關節，也需要肌肉的幫忙支撐，

才能減輕疼痛。正是因為有肌肉幫忙支撐身體的部分重量，關節才能減輕負擔。其次，建議即使是得了退化性關節炎的狗兒也需要有規律、適度的運動，每天可以進行短時間的散步和在院子裡短時間的玩耍，這樣既不會太折磨關節，也能維持足夠的肌肉強度。

當然，這個有節制的運動還需要配合藥物治療（心臟病要配合血管擴張劑和利尿劑；關節炎則是吃消炎藥等）一併進行。

如果你的狗很胖，別讓牠走太久或跑步，因為這將會有致命的危險。先要改變牠的飲食，再輔以適量運動，讓牠瘦下來之後，再考慮比較激烈的運動。

散步的好處

散步是維持身體良好狀態和延緩疾病出現的絕佳方式，因為它可以幫助維護心臟及運動功能運作正常。散步以一天內兩到三次、每次20到30分鐘為宜——別擔心，你的狗會讓你知道牠的極限的！

規律運動的好處

運動對於所有被使用到的器官來說是種刺激，因此被「鍛鍊」到的有肌肉、視覺、聽覺和關節等器官。一次充分的散步，再加上擲球或擲棍訓練，既能夠給予你的狗兒身體各部位刺激，也能鍛鍊狗兒體能。有時還可藉此提早發現異狀，因為有些問題在家看不出來，如肌肉張力減低、視力或聽力減退等等。

以上這些症狀儘管不是很嚴重，但是提早診斷，就可以提前做行為矯正或治療。「早期預防，早期治療」正是動物和人類老年醫學的黃金原則之一。

除此之外，運動也是給予心理刺激的一個好方法。衰老的初期徵兆大部分都是心理方面的問題：狗會變得懶洋洋的，更常待在沙發上、狗窩裡或火爐旁的一角。再加上我們看事情的角度又常有偏見，我們會想：「我的狗老了，所以我不要吵牠……只要讓牠出去上完廁所後就回來。」

錯！這樣的行為動機是出於體貼狗的一份情意，固然值得稱讚，但其實它卻切斷了你跟狗兒多年之間的親密感情，也就

是因為這種態度促使了牠出現了那些「憂鬱」的症狀。

所以，其實往往是我們先有所改變，而不是狗，狗兒只是去適應牠所觀察到生活環境裡的改變。

更甚者，可以聞到各種氣味、聽到各種聲音，還可以享受與其他動物見面等的社交活動機會，對狗這樣的群體動物來說，是很重要的。那些不但是感官刺激，也是心理刺激，可以讓牠保持活潑和心理健康，而不會陷入憂鬱。

經驗分享

要帶你的狗去充滿視覺或聽覺刺激的地方散步（公園、市場等），你會發現牠對環境依然充滿興趣。在公園或自家院子時把牠放開，讓牠去跟比牠年輕的同伴一起玩，這樣狗兒不但有運動到，而且牠可以玩得開心，又不會太費力。

如果我得離家一段時間，
老狗怎麼辦？

渡假、開會……，有時候你非得離家好幾天不可，這就傷腦筋了，因為你不知該怎麼安頓你的老狗才好——其實還是有辦法的！

處理好分離問題

每隻狗能忍受跟主人分開的程度都不盡相同，這全都要看你讓牠養成什麼樣的習慣。如果打從牠小時候起，你出去渡假從不帶牠一起去的話，那麼對牠來說，忍受幾天的分離應該沒什麼問題。

然而，如果最近你發現牠開始出現比較嚴重的「心理」依賴，例如黏你黏得特別緊、常跟你撒嬌、晚上會把你吵醒時，這可能就是所謂的「退化型憂鬱症」；此時狗兒對熟悉的事物的改變忍受度，將會大幅度降低。在這種情況下，即使只是暫時的，要狗兒跟你分離或看不到你，都會變得很難。

如果你的狗從以前到現在從未離開你超過24小時，也會有同樣的情形發生。因為你是牠世界裡很大的一部分，所以倘若你不在幾天，牠的世界很可能就此「垮掉」，狗兒會覺得自己好像被遺棄了。

你知道嗎？

狗旅館：你有權參觀狗兒要待的地方，如果不行的話，就換別家！好旅館的生意通常都好到不行，有時還需要一年前就預約，所以請記得「務必請早」！

正確的選擇

如果可行，最好就是讓狗兒待在牠熟悉的地方，也就是說家裡。先看看你是否有朋友可以每天來家裡餵牠、帶牠出去遛遛，並給牠些許的照顧。如果行不通，還是有一些認真可靠的機構，可以提供一、兩位人手（通常是已退休人士）進駐你家，幫你顧家也順便顧狗。這個方法很吸引人，但務必要找政府立案機構，免得會有不好的驚喜。注意！有網址的機構不一定就代表它認真可靠。

你也可以把老狗安置在別處，最常見的是犬舍或是狗旅館。你可以詢問鄰居或是獸醫師，因為大家通常都知道哪個商家好、哪個商家不好。

或者你也可把老狗寄放在某人家裡——寄放在你的朋友家，或是有提供這類服務的人家裡（不管他有沒有附屬於某機構）。這樣做的好處是，那兒的狗往往比較少，因此你的狗就可以「像在家一樣」地被疼愛。

我可以帶牠一起
去渡假嗎？

不管你上哪兒去，你的老狗都一定跟著，你不認為自己可以跑去渡假，然後把牠託給別人，或是放在狗旅館裡。問題是，牠現在年紀真的很大了，你不知道這樣做到底對不對？

牠也可以去渡假！

如果你常去滑雪、逛博物館、開車出遊，或是你去的沙灘禁止寵物入內的話，那麼，還是把狗留在家裡比較好。

相反地，如果你的長假只是純粹休息和散步的話，你的老狗會很樂意作陪的。那時候你也才真正有時間陪牠，你們會一起玩、散步，於是感情又會變得很親密。老狗的心理狀態會隨著年紀而變得比較脆弱，帶牠去渡假這件事，可是對你老夥伴的心理健康十分有益。

此外，因為你比較有空了，你的狗就可以乘機做點運動。即使運動量有限，還是可以鍛鍊肌肉強度，預防退化性關節炎發作，因為訓練過的肌肉比較能支撐關節。

那麼，就放心地讓牠去游泳吧！因為這可以減輕牠的關節疼痛與肌肉酸痛，就把它當做是「海療」吧！倒是別忘了，如果牠在海裡游泳的話，要記得幫牠沖沖水，把身上的鹽分沖掉。

幾個危險和要注意的地方

" 經驗分享

每天短時間的散步或泡水,對預防狗兒發作退化性關節炎十分有效。但是由於大部分的海灘都不開放給狗兒進入,所以你可以打電話詢問該地的旅客服務處,好了解你的狗兒可以在海灘的什麼地方活動活動筋骨。

對你的狗來說,旅途本身——尤其是夏天——可能就是個危險。如果你的車有冷氣,問題不大,因為中暑的機率不高;但是如果沒有,你就得準備可以幫狗解渴和散熱的東西,而且要定期停下來讓牠上廁所、伸展四肢和喝水。

絕對不能在大太陽底下把狗單獨留在車裡,即使車窗全部打開、只有五分鐘也不行!狗中暑時,體內溫度會高達41℃(平均體溫是38.5℃),幾分鐘之內就會發生不可逆的病變,足以讓牠喪命。中暑會出現呼吸急促、突然間虛弱到無法走動的症狀,這時候,要立刻讓牠泡冷水散熱,再用冷的濕浴巾裹著牠。

渡假期間同樣也要注意中暑問題:不

太陽不是好朋友!

有些皮膚病是陽光所造成的。所以,如果你的狗兒對陽光很敏感,建議你在牠的某些毛髮稀疏部位(如鼻、耳),幫牠塗上防曬乳液,做防曬的前置準備。

要在烈陽下走太久的路,或是在大白天時把牠帶去海邊——最好是在清晨或傍晚再出門,那時會比較涼爽些。

如果你的狗的皮毛是白色的話,別讓牠曬太久的太陽——白狗就是因為缺少可以抵抗紫外線的黑色素,才會長得一身白毛。此外,陽光對白狗的傷害性較高,可能造成中暑、曬傷,以及紫外線造成的皮膚癌。

由於老狗本身就比較容易罹患癌症,皮膚又比較敏感,加上狗兒的抵抗力會隨著年齡而減弱,所以飼主要更加注意。

在高山上,與高齡有關的風險就顯得沒那麼多。在高山上,最需要擔心的問題是,萬一狗兒因為缺氧引發呼吸器官衰竭的問題;然而空氣稀薄的現象只有在緯度很高的地方才會發生,所以飼主很少需要擔心這件事。不過,有一點要注意的是,為了讓狗的腳掌墊能適應雪地,飼主應該要在出發的十幾天前,就開始在牠的腳底抹強化乳;如此一來,可以讓牠的腳掌墊變硬,以免產生凍瘡或被凍裂。

幫牠找個**新朋友如何？**

你的狗年事漸高，你發現牠變得越來越無精打采，不怎麼愛玩了。這讓你不禁想再養隻小狗來陪牠，給牠帶來新的刺激，讓牠重新充滿活力。其實有很多人都這麼做，而且很多老狗也都在新來了一位夥伴後變年輕了。

幼犬的到來

> **經驗分享**
>
> 如果你的狗對新來的幼犬咆哮或齜牙咧嘴的話，先別擔心，牠只是在告訴後者牠的地位比較高。只要沒有發生暴力事件，就別插手，隨牠們去吧！幼犬很快地就會表示服從，並找到自己的地位。

也難怪為什麼你的老狗會對這個年幼的闖入者看不順眼，因為牠完全不認為這個本來很有組織的狗群（狗和家人），有什麼重組的必要。

這也就是為什麼一開始牠們會互相咆哮，甚至小小齜牙咧嘴一番——這其實是在新階級建立前所不可避免的過渡期，因為新來狗兒的勢必得在家裡的階級中找到牠的定位。照目前看來，牠的地位一定很低。

狗兒起衝突的另一個原因是幼犬很好動，想跟每個人玩，特別是那也有四隻腳的同類；問題是老狗年紀大了，不一定想玩，也不一定有辦法像牠年輕的同類一樣蹦蹦跳跳的。此外，家人尤其是小孩，往往因為很高興有新的狗加入，而花比較多時間在幼犬身上，而自然地（也是無意地）遺忘了他們的老狗，搞得牠滿是疑惑和不解。

如果到目前為止，你的狗兒一直是家裡唯一的狗，是全家人關注的焦點，那麼新來了另一隻狗，就會打破這個平衡。這

對老狗的好處

活動量減少、失去好奇心和憂鬱症是老狗常有的問題，一般來說，這些症狀皆屬於行為問題，而非身體上的疾病（如慢性心衰竭、肝臟衰竭等）。這時，若能有什麼新鮮事好給牠帶來心理上的刺激，例如一隻新來的狗，那是再好不過的事了，這並不會加重牠的病理狀況。

新狗兒將會在遊戲、賽跑中磨練牠的長輩，有時兩個還會比賽吃飯，而這正好可以乘機讓老狗多吃些。

你的老夥伴勢必不是這隻充滿活力、連一分鐘都停不下來的年輕夥伴對手。所以如果當你發現幼犬已經煩了牠好一陣子時（通常老狗會讓幼犬知道牠受夠了），就要把小的帶到另一間房間去，讓老的可以休息一下。

此外，因為教育幼犬常常需要外出（上廁所、散步、接觸人群或到熱鬧地方去以做社交訓練），搞不好最近已很少出門的老狗，也就多了許多散步機會。

你知道嗎？

很多人會在家中狗兒老邁時開始養起第二隻狗。這個「過渡」的辦法不但可以確保家裡不會無「狗」為繼，又可以改善老狗最後的生活，還可以讓主人不在時，幼犬有伴可以一起玩，因而減低幼犬破壞家裡的機率。另外，成犬也會加入教育幼犬的工作，例如嘴勁的控制。

Chapter 4

生育

雌犬老了
還會發情嗎？

你的查理士王小獵犬（Cavalier King Charles）都已經那麼一大把年紀，理應不會再發情了；可是情況並非如此，所以你很擔心……，其實這是正常的，年邁的雌犬是沒有更年期的！

發情會隨著年齡變得較不明顯，次數也會變少

更年期是指自某個年齡起，荷爾蒙的平衡發生改變，其主要特徵是停經（以雌犬而言是停止發情）。雌犬並無更年期，所以會持續發情，只不過隨著年紀越來越大，間距會拉大：本來是每6個月一次，可能變成每10到12個月一次，而且也比較不明顯，有時甚至完全沒有徵兆。因此，即便你的年邁母狗的生育力已經大不如前，牠還是有可能與公狗交配而生養小狗的。

你知道嗎？

小心意外：高齡雌犬萬一懷孕了，可是要擔負相當大的風險。首先，懷孕或分娩時容易造成狗兒過度疲累，其次狗兒分娩時常因子宮收縮乏力，最後只好改採剖腹產（這又有麻醉與手術上的風險）。

結紮、吃避孕藥或打避孕針

如果不希望母狗生育的話，最好在牠2歲前就幫牠結紮，這樣可以大大減少日後罹患乳房腫瘤的可能性。不然就讓牠在2到3歲時生完一胎後再結紮，如此一來，即使這樣不能預防乳房腫瘤的發生（只有在2歲前結紮才有用），但至少可以減低意外受孕的風險、避免發情時的不便（流血、吸引公狗、逃家等），以及減少發生假性懷孕和子宮感染（子宮炎或子宮蓄膿）。

為了要停止或延後狗兒的發情，而給牠吃避孕藥或打避孕針，是非常不建議的措施，因為這樣容易提高子宮感染的機率。有些人甚至認為乳房腫瘤也和避孕藥有關，只是尚未得到證實。所以，在雌犬年輕時給牠注射幾針，還算勉強可行，但是一旦狗兒進入老年期後，則是絕對不行。

生殖器官發炎

「子宮蓄膿」（或是「子宮發炎」）常常發生在發情後的2個月內。這種子宮感染疾病的好發年齡是8到10歲，約有25%的母狗會罹患此病。

可以讓雌犬
一直生育到幾歲？

　　既然雌犬沒有更年期（見56頁），你的聖玉薩吉獵犬（Saint Usage Spaniel）一輩子都會發情；也就是說，即便牠很老了都還有可能生小狗！但是，這樣沒有風險嗎？

生育力減低

　　雌犬一旦性成熟後（通常在6到12月齡間，視品種不等），差不多就會開始有規律的發情，平均每6個月一次，但有時會8到10個月一次，甚至1年一次。原則上來說，發情期並不會隨著年齡增長而停止，因此一隻年邁的雌犬還是有可能在12、14歲，甚至18歲時發情。

　　不過，隨著雌犬的生殖器官老化，生育力也會明顯降低：要能成功交配並且順利度過妊娠期的機率，將會隨著年齡的增加而降低。

> **經驗分享**
>
> 我有時會遇到14、15歲的母狗，因為肚子大而被擔憂的主人帶來檢查的案例。經過簡單的檢查，再照過X光或超音波後，有時會發現雌犬已經懷孕的案例，而這往往讓飼主大吃一驚！

懷孕的危險

懷孕會造成體內很大的變動,並帶來身心上的改變。對一隻年紀大、萬一又有器官衰竭的毛病(心臟衰竭、腎衰竭等)的雌犬來說,由懷孕所造成的體重增加與疲累,不全然是沒有風險。

分娩又是另一個風險階段:上了年紀的雌犬可能會因為子宮收縮乏力,無法順利將幼犬推出;萬一如此的話,只能將牠全身麻醉,以剖腹手術取出胎兒。這個分娩階段也將會讓牠極度疲累,對心臟也是一種負擔。

最後,高齡懷孕還會大大增加畸胎風

險,這就是為何有道德的繁殖者不會讓超過5、6歲的雌犬繼續生育——這不僅是為了雌犬的健康著想,也是為了確保幼犬的「品質」。

懷孕的診斷

母狗的懷孕期約為2個月,獸醫師自第3週或第2個月起就可以靠觸診或更準確的超音波確定狗兒是否有孕。X光的資訊並不一定可靠,因為胚胎那時尚未骨化,倒是自懷孕50到55天起,就可以辨識出小狗的數量了。

萬一交配了……

這大部分都是意外——飼主以為自己的狗不會遇到這種事,所以沒有做好防範措施。既然有懷孕的可能,還是趕快請獸醫進行早期墮胎;獸醫師會為狗兒注射兩針,中間間隔24小時。

在交配後20天內做的早期墮胎,效果既迅速又可靠,甚至晚至45天內也可以,只不過這時死胎會排出,如果早點進行就不會有這個問題。

如果不想讓牠接受墮胎,或太晚才知道懷孕的話,就一定要在最後幾週內定期帶牠去看獸醫,尤其是要做X光或超音波。

這麼做除了是要確定母體內小狗的數量,以便在分娩時確定每隻幼犬都能順利出生,也可以順便檢查有沒有畸胎的情形。

經驗分享

"
在你的高齡狗兒懷孕前,先問問你自己:我有權讓牠冒這個風險嗎?基於什麼理由?以牠的年紀來說,生小狗並不會給牠的心理帶來什麼益處,說穿了,這不過就是主人的一個瘋狂念頭罷了!還不如領養一隻小狗來跟牠作伴,一定可以讓牠恢復年輕的!

我該給狗兒
吃避孕藥嗎？

你養的雌犬又發情了，老是往外跑，還把公狗都引來，你實在很怕牠會不小心懷孕。但是，你又不願意給牠吃避孕藥，怕會害牠長腫瘤⋯⋯。

非必要的避孕

雌犬發情期中的荷爾蒙運作有兩項特點：

- 發情期的間隔為6個月左右。
- 無更年期，所以原則上一輩子都會發情（參照56頁）。

由於發情期短暫（每次只有關鍵的那3週），要幫牠避孕並不會太困難。事實上，只要過了這3週，再接下來的至少6個月當中，你的狗兒就沒事了——當然你也是。

只不過發情的這3週不但麻煩多（月經、引來公狗、逃家等等），而且又有風險存在（意外懷孕、子宮感染、假懷孕）。

母狗年紀大了仍會發情這點，倒是讓事情複雜許多，因為你永遠無法完全輕鬆以待。

總之，如果你對自己每隔6個月就得忍受一次這有點麻煩的3個禮拜，而且已經對牠可能要這樣持續一輩子這件事，做好心理準備的話，那就讓牠去發情，別管什麼避孕了。

> **經驗分享**
>
> 很少會有獸醫師販售狗的避孕藥，因為大家都知道它的風險，也都謹記自己身為動物健康守護者的職責。

選擇正確的避孕法

　　不管雌犬的年齡有多大，毫無疑問的，避孕藥是最不好的辦法。只要你忘了給牠吃、或以為牠吃了而事實上並沒有的話（比如說牠吐了出來而你卻沒看到），那麼，牠可能就會排卵，糟糕的話還會懷孕。

　　此外，很多科學研究已證明這種荷爾蒙治療會增加子宮的嚴重感染機會（子宮蓄膿或子宮炎），嚴重時往往需要開刀將卵巢和子宮全數切除。避孕藥也被高度懷疑與乳房腫瘤有關，只是目前尚未得到證實。

　　獸醫施打的避孕針跟避孕藥有一樣的風險，只是嚴重性較低。雖然避孕針是可以施打的，但我不建議這麼做。我認為應

該寧可讓母狗發情，就算是環境裡藏有些微的懷孕風險也無所謂，也不要去注射荷爾蒙讓牠冒著患病的危險！如果今天是一隻年輕母狗，你想讓牠到2、3歲時生完一胎後再結紮，那麼避孕針可以用在前幾次發情時，但對高齡母狗來說，絕對不行。

　　結紮手術絕非最有效的方法，因為動物需要被全身麻醉，而那就是一個風險。其實，大部分在年輕時沒有接受結紮的雌犬，通常到了老年，飼主也不會讓牠們挨刀。的確，最好不要再讓牠冒額外的風險，況且母狗老了之後，經血量比以前少得多，所帶來的困擾也會少得多。

公狗到幾歲
還有交配能力？

即使年紀已經一大把，你的比利時長毛牧羊犬（Tervueren）一聞到外面的發情雌犬味道，還是會立刻衝出家門。雖然你認為牠應該要盡情風流，但你還是忍不住要想：到底要到哪一天牠才能靜下來？

交配沒有年齡限制

狗的生殖器官跟人類頗為類似，牠的睪丸也會一輩子製造精蟲。所以從生理觀點來看，你的年邁狗兒一樣可以跟雌犬交配，並且讓牠懷孕。

不過由於老化會影響到每一個器官，生殖器官自然也不例外。因此，能夠讓卵子受孕的精蟲數會隨著年齡增長而大幅減少。跟人類一樣，我們可以靠精液檢查檢測出精蟲數、精子型態（大小、有否畸形）與其「活動力」（移動速度、鞭毛動作、可以幫助精蟲移動的尾巴類型）等，來估算受孕機率。

如果說精液檢查的結果顯示狗兒缺乏正常的精蟲，那麼牠可以說是不孕，即便交配了也不會導致懷孕；如果檢查結果正常，代表這隻老狗還是有不錯的交配能力，只要牠還能勃起（因為肌肉可能老化），也能做出性交姿勢就行——如果有髖關節退化性關節炎或神經性疾病（如椎間盤突出等），交配就有困難了。

公狗要冒的極小風險

高齡母狗懷孕時所受的風險特別大（參照57~59頁），但公狗，就算是年紀很大，也不會承受多大風險，因為事後一切都是落在雌犬頭上。

不過，你要知道交配可能為時5分鐘，也可能為時1小時那麼久！所以你的老狗一定要很能「撐」，也就是要能忍受這件頗為激烈又費時的活動。

有心臟病或呼吸器官衰竭毛病的狗兒，有可能會在交配過程中發病，或導致健康狀況每下愈況。

經驗分享

我記得小時候村子裡常常見到一隻布列塔尼頓獵犬（Epagneul Breton）在外頭遊晃，各家的母狗一旦懷孕，大概都是因為牠。牠一直到15歲時都還能讓母狗生小狗！

Chapter 5

健康

對老狗來說，
是不是也有禁忌藥物？

我們常說年紀越大，就容易對某些藥產生不耐症或容易產生併發症，所以我們自然也覺得這些藥不該給老狗吃。不過，這樣的觀念並非完全正確……。

變差的新陳代謝

其實真正的關鍵在於：老狗與年輕的狗兒之間，兩者的新陳代謝能力是否有所差別？

藥物在吸收後由血液帶到全身，最後由肝分解，再到腎藉著尿液排出。所以，只要腸道、血管、肝或腎臟任一器官機能變差的話，都會影響到藥效。

從實驗當中也證明，人類的年紀越大，不單是腸道吸收的速度會變慢，肝臟酵素的活性也會減低；換句話說，肝臟功能會變差，分解藥物的能力會不如前。也許狗兒也是如此。

然而，與一般認知不同的是，健康狗兒的腎臟功能並不會隨年齡而變差，這正好與人類相反。因此，只要老狗沒有任何腎衰竭的徵兆，代表藥物最後一定可以由腎臟排出，那麼，

就沒有理由不讓牠服藥。

事實上，因藥物與個體差異，狗兒可能會因著年紀的改變，對藥物有過強、不足或不變的反應，所以並沒有一定的施藥準則；只能靠獸醫師根據狗的臨床狀況，決定出一個適當、同時也是危險性最低的處方。

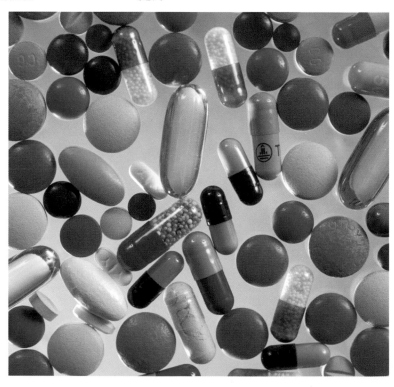

對老狗而言，其藥物種類、劑量和服用時間的決定原則如下：

- 藥物是為了配合牠的某項需求，而且藥效有經過科學證實，有服用的必要性。
- 餵食容易。
- 價格合理。
- 副作用少。
- 一定要在固定期限內投藥，不能逾期。

會這樣說的原因是，高齡動物的體重有可能會有明顯下降的現象，如果狗變瘦了，藥量卻沒有跟著一起減少的話，相對來說，就等於藥效增強了；藥物過量有時可是會引發嚴重後果的，所以務必要為治療中的老狗，定期測量體重。

相對地，如果狗兒沒有健康問題的話，就不必因為牠的年紀而擅自替牠降低劑量。萬一藥的劑量不足而造成藥效不夠，或是根本沒有藥效時，那也是一種危險。

用藥禁忌

在法國，所有已經獲得上市許可的動物用藥物，除非是老年動物的專門用藥，不然一般是不會在高齡動物身上做測試的。

無論如何，我們很少說這些藥是否適合健康的老狗服用，因為我們該擔心的是「藥物併用」的危險。這是因為，老年狗身上往往同時有好幾種毛病（退化性關節炎、心臟衰竭等），需要長期的多種藥物治療。

只有獸醫師才有能力評估藥物併用的合宜性，如有風險也會告知飼主。

例如某種消炎藥和某種利尿劑合用時（前者為了治療退化性關節炎等，後者則是治療慢性心臟衰竭患者的肺水腫問題），有時可能造成相當嚴重的腎衰竭；不過，對年輕的狗兒來說，這風險也同樣存在。

用藥禁忌的問題比較常發生在年老多病的動物身上，而這些病大多都是老年病，如肝衰竭（肝的病變）或腎衰竭（腎的過濾功能不足）等等。若是後者，就要避免同時服用消炎藥和某些具腎毒性的抗生素，因為這些藥物反而會惡化腎臟病；若是前者，就要避免服用具有肝毒性的藥物，以及那些通常會肝臟代謝掉的藥物（某些抗生素和麻醉藥）。

由於這時候的肝臟已經不能正常運作，如果這些藥物在體內累積太久，就會變成藥物過量。

總而言之，對一隻健康的老狗來說，沒有任何服藥禁忌，但對已經生病的老狗來說卻是不然，因為牠的病，已改變了身體對這些藥物的代謝力。

> **經驗分享**
>
> 對有退化性關節炎而必須吃消炎藥的老狗來說，我建議最好帶牠去做血檢，看看牠的腎臟運作是否仍舊良好。驗血既簡單又不昂貴，還可能救你的狗一命。

就接種來說，

牠會不會太老了？

你的高齡貴賓狗已經不常出門，總是寧可待在牠那暖暖的狗窩裡。因此，你懷疑是否還有必要帶牠去接種。要知道，你的老狗因為已經上了年紀，免疫力自然會變得比較差，那麼，要抵抗病菌就會變得比較困難。

變弱的免疫力

從定義上來說，為狗兒接種是為了要使身體產生抗體，以對抗牠可能會碰到的病原體，避免感染危機。

狗兒該預防的傳染病有狂犬病、犬瘟熱（病毒性疾病，會出現發燒和消化系統、呼吸系統、視覺、神經、皮膚等各方面症狀）、犬傳染性肝炎、犬小病毒感染（會導致出血性腸胃炎，有致命危險）和鉤端螺旋體病（透過囓齒類動物的尿液傳染）。如果獸醫師認為必要的話，還可以接種預防焦蟲病、萊姆病、犬舍咳和犬疱疹病毒的疫苗。

雖然你的狗現在不常外出，確實少了許多被這些病原體侵襲的機會；但是當牠外出時，牠還是有可能接觸到人行道上的排泄物和路上的髒水坑，另外，你的鞋子也可能帶回病菌……。

免疫力最差的年紀非幼犬和高齡犬莫屬，前者是因為免疫系統尚未建立，後者則是因免疫效能減低，兩者都比較無法自行排除感染，因此最需要疫苗的保護。不再為老狗接種，等於刻意將牠曝露於疾病中，牠一旦生了病，又會因為逐漸老化的器官復原力較低，病情會發展得更嚴重。

經驗分享

要記得年度接種的費用裡，已經包含了疫苗與會診兩項費用。這個錢花下去後，既可以照顧到狗的健康，又可以防患於未然，這點費用實在不算什麼。不只是那一針，接種的重點在於從預防醫學角度為出發的年度健康檢查，這種健檢對人跟動物來說，已被證明同樣有效。

鉤端螺旋體病

鉤端螺旋體病是由Leptospira interrogans這種細菌所引起的一種疾病，感染途徑是因為接觸了帶原者（囓齒類動物）的尿液，或被此尿液所污染的水。這也就是為什麼獵犬或其他會到河裡泡水的狗，常需要每6個月補強一次疫苗，不像其他的狗只要1年一次就好。另外，鉤端螺旋體病還是一種人畜共通傳染病，所以，病犬的尿液一定得妥善處理。

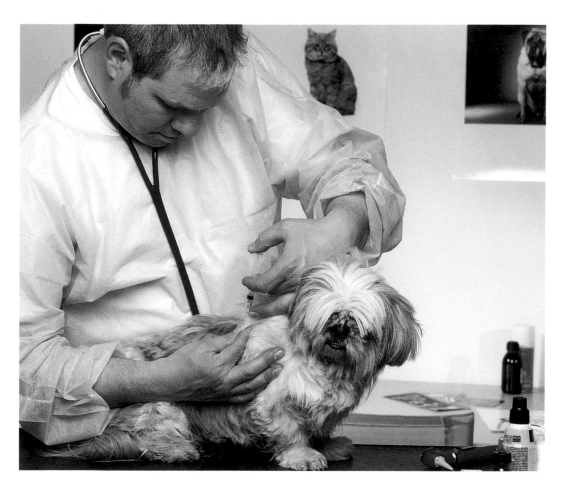

接種會診的好處

「接種會診」不只是給狗兒接種,還會順便幫牠做個完整的健康檢查。獸醫師會先將牠仔細檢查一番:聽診、觀察眼睛、耳朵和皮毛,公狗的話會做前列腺觸診,母狗則會做乳房觸診,看看有無特殊疾病的初步徵兆(如心雜音、牙結石、眼睛混濁等)。

很多疾病像是乳房腫瘤、睪丸腫瘤、皮膚結節、白內障初期、肝臟肥大等,常常會在這個時候被診斷出來。如果你告訴獸醫你的狗都不喝水,已經好幾天沒排尿了,他也許就會幫牠做個尿檢或血檢,因而發現,比如說,狗兒有糖尿病或腎衰竭。

再拿乳房腫瘤來說(參照96~97和104~105頁),癌症首重早期診斷和早期治療,正是因為每年的例行檢常能讓腫瘤無所遁形,我們更能理解接種會診有多麼重要。

老狗的麻醉風險
是否比較高？

獸醫剛剛告訴了你，你的狗必須儘快動手術。你很擔心，因為牠的年紀不小了……，在今天，麻醉雖然還是有風險，但其實麻醉已經是非常安全了。

麻醉風險比較高的情況

因為麻醉而引起器官衰竭、甚至死亡的機率，會隨著年齡而增加；這是因為重要器官（心、肺、腎、肝）的老化，會增加狗兒在麻醉時出問題的機率。

在心臟方面，被麻醉的老狗較容易出現低血壓或心律不整的問題。就肺部方面來說，因為肺容積減低，氧的交換功能也相對降低。此外，腎功能變差後，再加上腎對某些藥物的有代謝困難（如麻醉藥、消炎藥），容易導致腎衰竭，或導致藥物在血液裡蓄積而造成濃度過高。最後，由於麻醉藥有一大部分會經肝臟代謝，但肝臟老化後，卻可能讓代謝藥物的能力隨著降低，因此可能造成麻醉效力的延長。

不要一味排斥麻醉

當然，麻醉風險確實存在，但跟某個重要器官已經嚴重老化（心、肺、腎、肝）及狗生了重病的事實（心臟、呼吸器官、腎或肝衰竭）比較起來，麻醉的風險並沒有比較高。獸醫師在評估風險後會跟你解釋，你們再一起做最適當的決定。

你知道嗎？

美國麻醉學會之麻醉風險分級制：麻醉風險有所謂分級制度，對於狗在麻醉前所需要接受的檢查項目，有非常詳細的規定，這就是美國麻醉學會的「**麻醉風險分級制**」。這個風險分級制共分為五的等級，第二級是指年老但健康的動物（低於10歲），10歲以上、或低於10歲但過度肥胖或有脫水現象狗兒，就屬於第三級。

獸醫師在評估麻醉風險時，有幾項評估的標準：

- 臨床檢查發現是否有心雜音、體重過度增加、過渴等症狀。只要一發現異狀，獸醫師通常還會提議飼主做其他相關檢查：像心雜音應該要照 X 光或超音波掃描，其他還有心電圖、驗血、尿液檢驗等。這些檢查可以讓醫生更準確地評估狗兒生理異狀的嚴重性，以及麻醉可能造成的額外風險。

- 現在獸醫一般都會做術前血檢，這樣可以偵測出一些尚未顯出病徵的疾病。

- 手術性質也會影響風險評估，特別是「麻醉期長短的差異」這一點，例如肝臟手術（如切除肝葉）麻醉時間一定會很長，那麼這個手術風險自然比一個皮膚小結節的切除手術大得多。

因此，你的獸醫會讓你知道各項標準的評估結果，也就是給你看看要不要麻醉動刀的好處與壞處：比較看看是麻醉的風險大？還是讓疾病繼續發展的風險大？

比如說，有隻有心臟病，之前還有積水病史的狗，牠身上長了一個中型脂肪瘤（良性脂肪腫瘤），而這個瘤其實並不妨礙牠，而且它已經停止生長好幾個月了。那麼，今天如果為了要割除這個瘤而將狗兒麻醉，就顯得很不明智。相反地，有隻12歲的母狗，之前沒有任何病史，但現在乳房那兒長了一顆腫瘤，已有2個月之久，而且腫瘤不停地在長大，那麼，這個病例就要建議麻醉開刀。

請不要忘記，獸醫麻醉學就跟人類醫學一樣，在最近這幾年裡有了長足的進步：風險評估更為準確（幾乎大部分的獸醫師都會事先做血檢），有越來越多的注射／氣體麻醉劑和麻醉方法可供使用，以配合不同犬隻的需要。此外，狗兒的麻醉監測也做得跟人很相近（使用心電圖、吊點滴、血壓監測、自動呼吸器等）。

經驗分享

老狗即使看起來很健康，手術前還是得先做血檢。如果只是要切除皮膚上的一個小腫塊，問問看獸醫師可否只要局部麻醉即可，如此一來，風險比較小，手術也一樣有效。

老狗常見的疾病有哪些？

　　我們都知道人老了，身體的運作自然會變差，某些疾病（心臟、膽固醇過高、癌症等）特別容易上身。狗也是一樣，只是牠們的特定疾病本質和得病率，和我們有所不同而已。

就醫主因

　　即便老狗在年度接種會診時，常被懷疑擁有某些疾病的初期徵象，但是很多老狗來就醫時，身上已出現一或多個症狀了。

　　法國國立獸醫學院曾經針對上千隻高齡狗做了一項就醫原因分類統計研究（P. Maroille，法國國立獸醫學院獸醫學博士論文，2001）（參照下圖）。我們可以發現，皮膚上的可疑腫塊、消化問題（嘔吐、腹瀉、便秘）和行動異常（跛腳、起

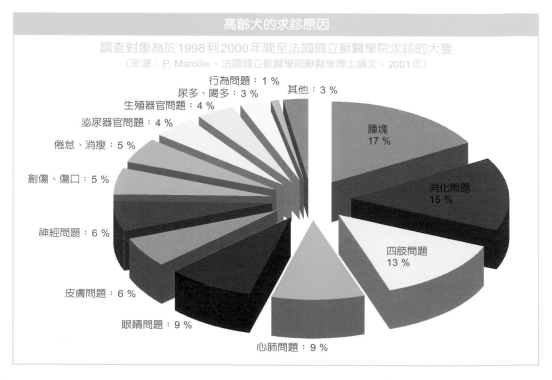

高齡犬的求診原因

調查對象為於1998到2000年間至法國國立獸醫學院求診的犬隻
（來源：P. Maroille，法國國立獸醫學院獸醫學博士論文，2001年）

- 行為問題：1 %
- 尿多、喝多：3 %
- 其他：3 %
- 生殖器官問題：4 %
- 泌尿器官問題：4 %
- 倦怠、消瘦：5 %
- 創傷、傷口：5 %
- 神經問題：6 %
- 皮膚問題：6 %
- 眼睛問題：9 %
- 心肺問題：9 %
- 腫塊 17 %
- 消化問題 15 %
- 四肢問題 13 %

身困難、癱瘓）是就醫的三大主因，接下來是心臟、呼吸道問題（咳嗽、喘氣、疲倦）、視覺問題（白內障等）和神經方面問題（癱瘓、抽搐等）。

　　但是請注意，求診原因並不代表實際的病症。的確，有些疾病可能有多種的外在表現形式，也會有許多不同的症狀。但是獸醫師並不會只針對求診原因做個單純的臨床檢查而已（如跛腳就只檢查腳），獸醫師一定會做全面性的檢查。正因為如此，才能檢測出沒有被飼主注意到的異狀。

　　讓我們舉幾個例子來看看：你家的雌犬尿多、喝多，於是你帶牠去看獸醫。尿檢結果並沒發現什麼異狀，倒是獸醫在做直腸觸診時，在肛門邊緣處發現一個小腫塊。原來牠長了會導致血鈣增加的「肛門囊腫瘤」，所以牠才會那麼容易口渴。此例的求診原因為喝多尿多，但是確診的結果卻是肛門邊緣的腫瘤。

　　第二例：你的8歲拳師犬有嘔吐現象已經15天了，最近兩天的嘔吐物裡甚至還有血。經過仔細的檢查後，獸醫師在牠的體側發現了一個小腫塊。把穿刺取出的檢體在顯微鏡下觀察，發現是「肥胖細胞瘤」（一種皮膚腫瘤），這種腫瘤細胞的分泌物會增加胃酸分泌並導致嘔吐。此例求診原因為消化方面的問題，而疾病卻是皮膚腫瘤，又是兩者不相干之另一實例。

　　最後一個例子：你並沒有給你的貴賓狗增加飯量，但牠的肚子卻無端地大了許多，於是你只好帶牠去看獸醫。檢查後，發現牠不但有心雜音，而且肚子裡還充滿了一種透明液體──原來你的狗有心臟慢性衰竭加上腹腔積水（腹水），所以「腹腫」其實是心臟病造成的。

主要疾病

最常被獸醫師診斷出來的疾病如下圖（根據法國國立獸醫學院 P. Maroille 的研究）。我們可以發現，老狗特別容易有腫瘤的問題（皮膚、肝、脾、淋巴結、骨頭等），其次是心臟、呼吸道（氣管塌陷、心臟衰竭、支氣管炎、支氣管肺炎）、肢體行動（退化性關節炎）、視覺（水晶體病變、白內障、水晶體核性病變）和消化方面（炎症：胃炎、大腸炎等）的問題。

請注意：並非所有腫瘤都是惡性的（還好不是），而且狗兒很少會死於癌症。

拿乳房腫瘤來說，其中有一半的病例結果都是良性的，而另一半（惡性腫瘤，所以有癌細胞）只要能儘早切除的話，多數都沒有大礙。

除了某些腫瘤外，一般來說，與老狗有關的疾病都是慢性病，也就是說疾病的發展會很慢，所以治療需要很久的時間，往往得持續到生命的終結，如心臟疾病（血管擴張劑、利尿劑、特定飲食）、退化性關節炎（消炎藥、軟骨保護劑）、腎衰竭和肝衰竭（尤其需要做飲食調整）。

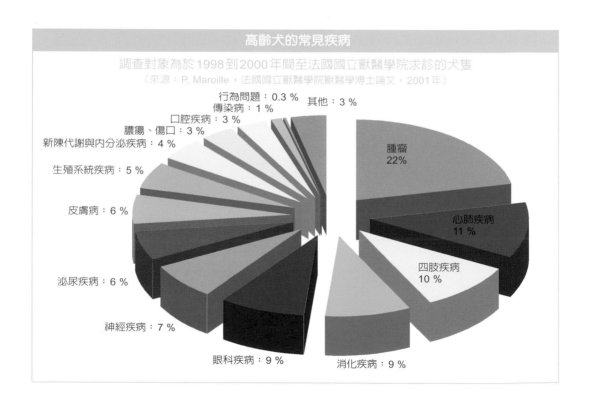

高齡犬的常見疾病

調查對象為於 1998 到 2000 年間至法國國立獸醫學院求診的犬隻
（來源：P. Maroille，法國國立獸醫學院獸醫學博士論文，2001 年）

- 行為問題：0.3 %
- 傳染病：1 %
- 口腔疾病：3 %
- 膿瘍、傷口：3 %
- 新陳代謝與內分泌疾病：4 %
- 生殖系統疾病：5 %
- 皮膚病：6 %
- 泌尿疾病：6 %
- 神經疾病：7 %
- 眼科疾病：9 %
- 消化疾病：9 %
- 四肢疾病 10 %
- 心肺疾病 11 %
- 腫瘤 22 %
- 其他：3 %

牠開始掉毛了，怎麼辦？

你兩天前才吸過地，但現在地上又到處都是狗毛……，別擔心！掉毛很少會非常嚴重，多半只是外表美觀受到影響。不過，有時也可能是內分泌失調，或是體內有寄生蟲的警訊。

掉毛加搔癢症狀

首先，觀察你的狗有沒有在抓癢。有搔癢狀況的脫毛常常是因為感染了寄生蟲、細菌或黴菌或過敏的結果，沒有搔癢症狀的脫毛則是跟毛囊老化（衰老性脫毛）

或內分泌失調有關（參照右頁）。

如果你的狗以前從來沒有有過皮膚病問題的話，牠可能就是有了寄生蟲（跳蚤、恙蟲、壁蝨），寄生蟲就藏在狗毛裡，要不然就是有蟎藏在皮膚裡（引發疥癬的疥癬蟲或毛囊蟲）。

你的獸醫師或是皮膚科專科醫師，會先幫牠梳毛或搔刮皮屑以找出寄生蟲，再拿去顯微鏡下辨認確診。

從來沒有過皮膚病問題的老狗開始脫毛加搔癢，也可能跟「食物過敏」有關。食物過敏可能在任何年齡發生，就連一直吃著同樣食物的老狗也會，而且發生時，飼主近來往往沒有更換狗兒的食物。

最常引發犬類過敏的食物為牛肉與乳製品，但是食物品質倒與食物過敏無關。

此外，還有一種「心因性」搔癢症：狗因嚴重的憂鬱或焦慮而強迫性地舔、抓或咬自己。

這種症狀比較容易出現在老狗身上，由於牠對新事物的適應能力已經大不如前；所以如果在家裡多了嬰兒或另一隻寵物，便開始不停地舔自己的狗兒，得的就是這類搔癢症，可以用抗焦慮劑或抗憂鬱

劑來控制病情。

最後，還有一種可能，不過極其罕見，那就是「皮膚淋巴瘤」，這是一種特別的皮膚腫瘤。診斷方式常需要將動物局部麻醉以取皮膚切片來化驗。

脫毛、搔癢……

狗兒脫毛、掉毛，有局部性、散佈性或大範圍脫毛。一般都是屬衰老性的脫毛，如果沒有伴隨其他症狀（像內分泌失調），就是狗兒進入老年期的常見現象。狗兒除了掉毛，還會為了抓癢會舔、咬自己，還會摩擦物體來止癢。有可能就是搔癢性皮膚炎。要仔細觀察牠的症狀，才能查明狗兒掉毛的真正原因。

掉毛無搔癢症狀

老狗毛色變白是一種良性現象，並不會影響健康，這是因為黑色素顆粒逐漸減少的緣故，而黑色素的數量多寡，正是決定狗毛顏色的元素。

同樣地，當你的狗兒逐漸年老時，很可能因為會掉毛而讓身上的皮毛看起來稀稀疏疏的，這並不是由疾病所引起的。這種所謂的「衰老性」脫毛是不可能回復的，它只會妨礙美觀而已。

不過，內分泌失調也可能引起無搔癢的脫毛症狀：這類的脫毛會出現在固定區域，且都是雙邊、對稱的，常在腹部與體側部位。

兩種高齡犬常見的內分泌失調為「低甲狀腺功能症」（甲狀腺分泌不足）和「腎上腺皮質功能亢進症」（可體松分泌過多），又稱「庫興氏症候群」。

腎上腺皮質功能亢進症可能為「自發性」或「醫源性」：前者通常是因為腦垂體上長了腫瘤（大部分為良性），才會導致體內分泌過多的可體松；後者體內過多

的可體松是由治療所造成的，也就是說，是服用了過多含可體松的藥物所致。這就是為何要使用這類藥物時一定得經過獸醫許可才行，藥房的止癢藥和藥膏尤其不能亂用。

低甲狀腺功能症和庫興氏症候群的診斷方式為驗血，不過要記得內分泌方面的疾病也會有別的症狀，如易餓、喝多、尿多、疲累等。治療藥物與人同。

經驗分享

如果你的狗只有掉毛而沒有別的症狀，只需要在年度接種時告知獸醫師即可；如果有別的症狀，就要立刻帶牠就醫。如果是抓癢後掉毛，那麼多半是有跳蚤，要幫牠除蚤；如果牠早就有跳蚤了，那就需要帶去給獸醫師做進一步檢查，以找出掉毛和搔癢的真正原因。

牠的肚子怎麼

變得那麼大？

老狗變胖的原因，通常都是因為運動量減少。但是腹部脂肪的堆積也可能代表某種內分泌方面的疾病，或是腹腔內有積水。

量體重

當你的狗進入「第三階段」，也就是老年期時（參照14頁），務必要養成定期幫牠量體重的習慣，這樣狗兒有異狀時，才能早期發現。其實我們因為太常跟牠在一起，反而不容易察覺牠體型的變化，常常是要等到那一天，某個很久沒見到牠的人發現牠變胖了，告訴了你以後，你才發現。

如果牠的體型還不算太大的話，你可以抱著牠一起量，然後再量你自己的體重，兩者相減就是牠的體重。如果你的狗屬於大型犬，可別為了抱牠而傷了腰，可以帶牠去獸醫那兒，候診室裡一定有適合牠用的磅秤。

體重增加、內分泌失調或體內積水

增胖的首要，也是最明顯的原因，就是體重增加，這常常是因為運動量減少了；而這對老狗來說，是很常見的事情—尤其牠又有退化性關節炎的話。另一個常見的原因是，主人往往不忍拒絕而給予老狗過多零食，或其他好吃的東西。

腹部脂肪堆積也可能是某種內分泌疾病所致，如低甲狀腺功能症（甲狀腺分泌不足）或庫興氏症候群（血液裡有過多可體松或使用過多含可體松的藥物），因而加速了身體將食物轉換成脂肪再儲存於腹部內臟器官的過程。

若狗有嚴重的心臟疾病（慢性心臟衰竭），牠的心臟幫浦便無法發揮應有功能，血液因此無法有效循環，結果就在某些血管內鬱積，這時就會有液體滲出，逐

漸堆積在肺部裡（肺積水）或腹部裡（腹水），所以才會有個大肚子。心臟病通常還會伴隨咳嗽、容易疲累等其他症狀。

　　肝臟衰竭或腸道發炎也可能造成類似的腹腔積水。

　　最後，腹部腫大還可能是腹腔出血所造成的，有可能是因為腹腔內某個器官遭受撞擊、車禍所致，也可能是因為腫瘤破裂──最常見的是脾臟腫瘤出血。

　　脾臟腫瘤出血尤其容易發生在大型狗身上，通常唯一的症狀是腹部異常隆起和突發性的倦怠無力（內出血）。一旦發生，需要立刻開刀急救，否則就會有生命危險。

甲狀腺

甲狀腺負責的是身體的分解代謝作用，分解醣類、蛋白質或脂肪這些物質。若是發生了「低甲狀腺功能症」，整個分解代謝因為變慢，就會造成這些物質尤其是脂肪的累積，這也是為什麼得了低甲狀腺功能症的狗兒會變胖的原因。相反的，當甲狀腺分泌過多時（甲狀腺機能亢進症），分解代謝作用會加快，動物就會變瘦。甲狀腺機能亢進症幾乎不見於年輕狗兒身上，只有老狗才會發生（良性甲狀腺腫瘤）。

我家老狗變瘦了，
怎麼辦？

到了該帶你的巴吉度獵犬散步的時間，要幫牠套上牽繩時，你突然發現項圈變得很鬆，再仔細看了看牠，沒錯，牠瘦了……。

變瘦、肌萎縮或惡體質

首先要做的就是量體重，好確定牠是否真的瘦了。不過體重計也只能告訴我們體重確實有減輕，卻無法告訴我們少掉的是肌肉還是脂肪，還是兩者都有。你可能不覺得這個分別有什麼重要，但是，這可以幫助我們更快地找到體重減輕原因，倘若需要補救時，也知道從何下手。簡單來說，如果你的狗瘦的是肚子的話，牠就是瘦了；如果瘦的是四肢，或從頭到腳都變瘦，能夠摸得到骨頭的話，那就是「肌肉萎縮」。

脂肪流失的原因有很多種，最主要是食欲減退，有時因為是漸進式發生，所以飼主往往一開始難以察覺。通常是等到飼主發現後，才回想起狗兒這1、2個月以來的確吃得比較少。不過就算老狗本身食量變小了，牠也不該變瘦，因為變瘦了代表的是牠能量攝取不足，不足以達到身體的需求，才會動用到身上的脂肪存糧。食欲減退的問題也許不嚴重，但也可能是某個內在疾病的前兆（消化性疾病、感染、疼痛等）。要是你的狗吃的比以往多卻還是瘦了，牠可能要不就是有消化道寄生蟲，一部分食物的養分給寄生蟲吸走了，要不就是有糖尿病（參照100頁）。

「肌肉萎縮」的起因很多，主要為：

- 發炎性肌肉病變（肌炎）和免疫性肌肉病變。
- 器官疾病：特別是腎衰竭，因為蛋白質會自尿液流失，身體只好從肌肉裡尋求蛋白質來補充。
- 因為骨關節疾病（如退化性關節炎）或神經性疾病而少用四肢，進而惡化到肌肉萎縮。肌肉只要不用就會開始萎縮。

惡體質的病因就比較有限，有癌症惡體質：指身體所有的養分都被腫瘤吸去（尤其是脂肪和蛋白質），和營養不良兩種，還好後者現已難見。

幾個定義……

「變瘦」代表身上脂肪的流失（如吃減肥飼料等）。
「肌肉萎縮」的定義為肌肉量的減少（如因癱瘓、不再使用後腿肌肉等）。
「惡體質」的特性是身上脂肪和肌肉的流失，如罹患某些癌症後所引發的結果。

就診

由於變瘦的可能原因很多,從普通的寄生蟲感染,到嚴重如已發生轉移的癌症都有可能,所以請務必要帶牠去就診。獸醫師會幫你的狗做各種檢查及各項他認為有幫助釐清原因的檢驗:如尿檢、血檢、糞檢、X光、超音波,甚至是內視鏡、掃描、肌電圖檢查或核磁共振等等。有時其實只要做餵食量上的調整,問題就可以解決了。

獸醫師會根據所找出的異狀後,建議你適當的療法,通常不是在飲食方面(如針對腎衰竭),就是在藥物方面,如糖尿病的治療方式是注射胰島素(參照100頁),免疫疾病就是投以可體松。

總之,你的狗兒毛病一定有辦法可治,痛苦一定可以減輕,壽命也可以延長;但是細節方面,就只有等獸醫師做出診斷後,才能一一回覆你了。

我家老狗開始跛腳，
怎麼辦？

　　好幾個禮拜以來，你的老狗總是抬著一隻腿，要不然就是跛著腳走路，讓外出散步變得很困難，連上幾個台階都很辛苦。雖然牠沒有很強迫自己，但是你卻寧可牠不要這樣受苦……。

跛腳的各種原因

　　跛腳是狗兒就醫的一個「常見」原因，說常見是由於起因大部分都很普通。當有問題的那隻腳完全不落地時，稱為「不施力型跛腳」；若還可以落地，則稱為「施力型跛腳」，但通常牠不會真的施力。跛腳常見的起因如下：

- 因創傷（撞擊、跌落、起跑時太激烈）所造成的合併損傷，如扭傷（肌腱拉傷）、骨頭碎裂、骨折或關節脫臼。骨頭和肌腱這兩種不同的組織都會隨著年齡變得越來越脆弱、越來越難以承受壓力。
- 退化性關節炎：關節裡增生了一些贅骨（即「骨刺」），動物在活動時會感到疼痛，就是這些贅骨所引起的。最常見的是問題「髖關節炎」，好發於容易罹患「髖關節發育不全症」的中、大型犬身上。
- 長在肩膀、膝蓋或腳趾處的骨腫瘤：

類風濕性關節炎

這個免疫系統疾病如果發生在人身上，有時會造成重殘；它同樣也會發生在狗身上，而且症狀類似：跛行、關節疼痛和發燒。

此病可藉由X光（骨頭腐蝕）和血清檢驗來診斷，後者以從血中有無類風濕性因子來下判斷。

這個病，狗跟人一樣，也需要用藥物治療（特別是腎上腺皮質素）。

這些腫瘤的「侵略性」很強，往往會轉移。腫瘤越早被發現，治癒的機會才越大。

- 關節的發炎或感染（關節炎）、負責控制四肢彎曲或伸展的神經受損（神經炎、神經腫瘤）。

　　常常我們發現狗跛腳了，但是除非有問題的腳是抬起來的，否則我們無法分辨有問題的是哪隻腳。獸醫師的方法是讓牠沿直線走，藉以觀察牠走路的樣子，然後再做骨頭和關節的觸診及牽引測試。

你知道嗎？

骨腫瘤：根據統計，狗的骨腫瘤大多是發生在連接前腳的肩膀或後腳的膝蓋部位。

必要的檢查

　　臨床檢查的目的，是為了找出有問題的骨頭或關節，接下來就要做其他檢查以建立確切病因，簡單（X光）或複雜的（斷層掃瞄）都有可能。

　　X光可以讓碎骨、骨折或脫臼清楚現形，有的X光還可以看出感染或骨腫瘤，這時骨頭會有如被腐蝕一般，這就是「骨質溶解」，可以看到骨基質裡有陰影。關節退化也可由X光輕易診斷出來，因為獸醫師可以直接看到關節裡那些會引起疼痛的小骨頭。肌腱因為在X光上看不到，因此無法靠這個方法診斷出扭傷，所以當獸醫在X光上看不到任何病變時，通常就會下「扭傷」的結論。

　　當獸醫師懷疑狗得的是關節炎時，通常還會做關節穿刺術來確認：他會把一根針插入有問題的那個關節腔裡，抽出一些保持關節濕潤、讓活動順暢的關節液，再把檢體交由實驗室化驗（尋找白血球、細菌等）。

　　針對神經性或肌肉方面的疾病，獸醫師可能要求做更複雜的檢查：韌帶、肌腱，或肌肉的超音波、肌電儀（測量肌肉裡電力活動的檢驗）、斷層掃瞄儀，這些檢驗通常就得去專業醫學中心才有辦法做了。

　　最後，在某些情況裡，當獸醫師已知是骨頭或肌肉方面的異狀，卻在幾個病因之間猶疑不定（發炎、退化性關節炎、腫瘤）時，便會將狗全身麻醉以進行切片採樣手術（採取骨頭或肌肉檢體）。

狗老了一定會癱瘓嗎？

　　你永遠忘不了小時候家裡的那隻年邁德國狼犬，因為癱瘓而被安樂死了，你很擔心你現在的狗兒是否也難逃同樣命運。不，這並非一定，不是每隻老狗都會癱瘓！

癱瘓的原因

　　雖然癱瘓在醫學上的定義是因神經或肌肉受損而造成個體無法自行移動，但對狗來說，只要行動開始變得困難，就稱為癱瘓，這個問題最容易發生在中、大型犬（德國牧羊犬、拉布拉多犬、伯恩山犬、紐芬蘭犬等）身上。

　　癱瘓的原因很多：

* 掌管四肢動作的神經中樞是脊髓，所以真正的癱瘓是和脊髓損傷有關，如椎間盤突出、脊椎腫瘤或脊膜瘤（脊

膜為包覆脊髓的膜）、退行性脊髓病變（脊髓退化，因此喪失功能）。

* 大腦控制一切，所以癱瘓也可能跟腦神經病變有關，如腦中風、腦瘤。

* 因為退化性關節炎所引發的劇烈疼痛，特別是髖關節炎，致使狗兒無法正常起立或行走。這種退化性關節炎常肇因於髖關節變形，即「髖關節發育不全症」，這種症狀其實在幼犬時就會出現，然後漸漸演變成退化性關節

炎。即使最後沒有造成眞正的癱瘓（因爲神經通常沒有受損，除非有時坐骨神經可能因爲遭受退化性關節炎的骨刺壓迫到而一併受損的話），狗兒行動困難的程度也會與癱瘓一般，不相上下。

必要的檢查

通常退化性關節炎的發作都很突然，可能在剛睡醒時或一陣休息後，只要活動一下就會得到改善。相反地，脊髓受損的傷害就是永久性的，行動困難的狀況不但不會改變，還會越來越嚴重。

輕癱

當狗沒有達到完全的癱瘓狀態，還能行走時，就稱為「輕癱」。

要判斷狗兒是否得了退化性關節炎，獸醫師會動動關節，如果聽到喀喀聲或有疼痛反應的話，這都是退化性關節炎可靠的徵兆。從X光片上也可以看到病灶：關節裡會出現奇怪的小骨頭（骨刺），還有因爲少用患肢而造成肌肉量減少。

神經性疾病（因爲椎間盤突出或腫瘤的壓迫、骨髓退化）的診斷就比較複雜：除了重要的臨床檢查外，還需要完整、精密的神經檢查（檢查本能反應、痛感評估等）。問題若是出在骨髓，醫生還會建議更複雜的檢查：單純X光、使用對比劑的X光──稱爲「脊髓顯影檢查」（會在脊髓周圍注射碘，這樣在X光上會特別明顯）、斷層掃瞄，甚至核磁共振，以確定受損的確切部位和性質。

你知道嗎？

好消息！有髖關節發育不全症的狗只要及早發現與及早治療，就可以抑制退化性關節炎的發展，進而防止日後癱瘓發生的可能。有很多腦中風的狗兒都復原得極好，這是消炎藥（可體松）和腦血管循環代謝改善劑，雙管齊下的結果。
接受椎間盤突出手術的狗兒約有七到八成比例復原良好。

如果牠開始有

喝多和（或）尿多症狀怎麼辦？

這陣子，你每天都要在狗兒的水碗中，裝上好幾次水，又因為狗兒喝水喝得多就常會想尿尿，你只好常帶牠出去。這讓你不禁擔心起來，牠是怎麼了？

喝多、尿多

狗每日正常的飲水量計算法是用體重（公斤計）乘以0.05，因此，一隻10公斤的狗一天正常的飲水量該是0.5公升（0.05×10）。

一旦牠喝的量大大超過標準值時，就是有了「喝多尿多」症狀。這個症狀如果發生是在老狗身上，起因既多又繁雜，茲列出幾項最常見的：

- 糖尿病。
- 腎或肝衰竭。
- 尿路感染（膀胱炎）或生殖器感染（雌犬子宮炎）。
- 內分泌疾病（特別是庫興氏症候群或腎上腺皮質功能亢進症——這與腎上腺分泌過多的可體松有關）。
- 藥物影響（利尿劑、皮質素）。
- 血鈣過多：有時可能是因體內長了會分泌荷爾蒙的腫瘤，使得血鈣上升。

要計算飲水量到底增加了多少，可以用水瓶來幫忙，看牠在2、3天內喝了多少瓶的水即可。

如果你的狗有喝多尿多的症狀，要立刻帶牠就醫。除了臨床檢查外，獸醫師也會做血檢（測血糖、膽固醇等）和尿檢。記得血檢前需要空腹至少10小時。另外，尿液也可先行收集，這樣就不用等到醫院後再導尿取檢體。

名詞解析

- 喝多：飲水量增加。
- 尿多：排尿量增加。
- 喝多尿多：飲水量和排尿量同時增加。
- 吃多：食量增加。
- 尿失禁：就定義上來說，尿失禁的狗兒並不會擺出排尿的姿勢，這跟亂尿尿或撒尿以劃地盤是不一樣的。

不同的治療

治療與治療效果，要看診斷出來的是什麼疾病而定，像糖尿病和膀胱炎用藥物治療就非常有效；子宮感染（子宮炎或子宮蓄膿）需要動手術（卵巢或子宮切除）；腎或肝衰竭通常需要長期治療（藥物、特殊飲食等）。

為什麼牠開始咳嗽？

你的蘇格蘭梗犬已經咳了好幾天了，而且看起來好像很難受的樣子。你忍不住擔心起來，牠是不是得了心臟病或是呼吸系統出毛病了呢？放心！不是每隻咳嗽的狗都有心臟病！

跟呼吸器官或心臟有關的病因

咳嗽是身體對呼吸道受刺激時的一種正常本能反應。咳嗽的起因有二，一跟呼吸器官有關，一跟心臟有關。由於高齡犬患有心臟慢性衰竭的比例偏高，於是很多人誤以為只要狗咳了起來就是有心臟病，其實真相並非如此！

咳嗽的主因還是跟呼吸系統有關，是因為呼吸道的某部分遭受感染所致。老狗由於免疫系統沒有那麼強，抵抗力弱，所以若是著涼了，或是跟其他病犬接觸而被傳染了，那麼，喉嚨或上呼吸道就會因此發炎（喉嚨發炎、氣管炎）。

最常見的情況就是，家裡的狗兒在狗旅館住宿時被傳染了「犬舍咳」，而這也就是為什麼現在有些狗旅館，已經開始要求飼主提供接種證明。犬舍咳的另一個傳染途徑，是狗兒被家裡新來的狗成員所傳染。

此外，尤其是小型犬，因為老化造成狗兒的氣管塌陷，導致牠在激動或運動時會劇烈咳嗽，狗兒變胖或飼主拉扯項圈（因為壓迫到氣管）時，也會導致狗兒劇咳。

最後，咳嗽還有可能是因為支氣管炎、肺炎或罕見的肺腫瘤（原發性或轉移性），傷及下呼吸道（支氣管、肺）而引起的。

在某些情況下，咳嗽也可能是「心因性」的：

- 因心臟變大而壓迫到主支氣管（機械性刺激所造成的咳嗽）。
- 當血液無法在血管內有效循環時（真正的心臟衰竭），就會造成肺積水，而當肺裡充滿了液體，肺泡便無法充氣。

經驗分享

當你的約克夏或貴賓狗在很高興或很生氣時，就會開始咳嗽的話，牠可能有氣管塌陷的問題。我建議你要讓牠戴胸背帶而不要戴項圈（才不會過度壓迫氣管），還要讓牠減肥（因為肥胖會加重塌陷程度），也要帶牠去看獸醫，而且藥物治療通常都很有效。

與醫生約診

由於造成咳嗽的原因很多，因此務必要帶牠就醫，讓獸醫師為牠做臨床檢查，甚至其他更精密的檢查（X光、超音波、心電圖），以便找出確切的原因，並予以治療。

對老狗來說，聽診很重要；因為聽診器可以讓獸醫師聽到喉嚨、氣管、肺或心的任何異常聲音，在某些狀況中，這些呼吸道異音就足以確診咳嗽的問題所在。不過，通常在下診斷和提出適當療法之前，獸醫師還是會建議狗兒去照X光。

我們一定要記得，有心雜音並不等於有心臟病。許多超過12歲的老狗都有心雜音，卻沒有心臟衰竭（參照90~91頁）。因此，如果有心雜音的狗開始咳嗽，不應當貿然定論為肺積水，而要把狗兒帶去獸醫那兒照X光，那才是唯一偵測牠有沒有肺積水的有效辦法。

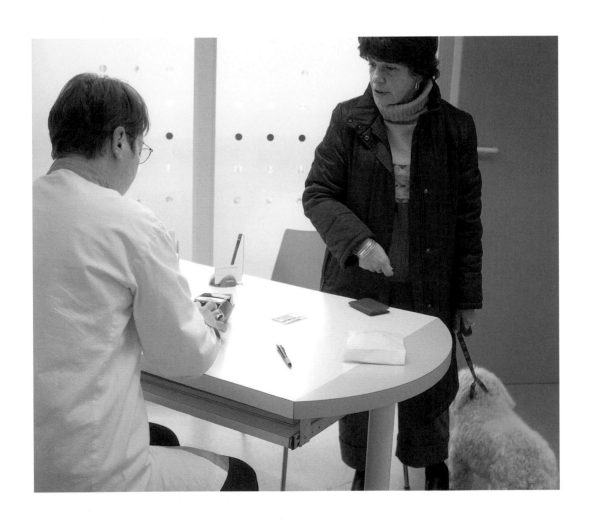

如果有心雜音，
牠是不是一定有心臟病？

你的狗有心雜音，害你很擔心牠是不是有心臟病……，別把這兩件事混為一談！有很多狗兒都有心雜音卻沒有心臟病，除非牠有心臟病的症狀（咳嗽、疲倦、昏厥等），否則心雜音並不需要治療。

心雜音的定義

當獸醫為你的狗聽診時，他可以透過聽診器清楚聽到牠心臟的聲音：那心音短促、清楚，通常是一連串規律的「嘣」和「答」聲，你的狗的心跳聲就是持續的「嘣—答—嘣—答—嘣—答……」。

心跳快慢主要是跟狗的體型有關，小型犬的心跳速率大約每分鐘150下，而大型犬約在80~100之間。我們人類的心跳速率與大型犬相當，在60~80之間。

當獸醫師說你的狗兒有心雜音時，這表示他雖然有聽到心音，但是聲音響度已有所改變，不再那麼短促清楚，聽起來比較像是一種「ㄑㄩ——」的聲音。通常強度第一級是指很微弱的雜音，用聽診器得仔細聽才聽得到，第六級是很強的雜音，幾乎不用聽診器就聽得到——當然，一到六級中，還有別的強度。

從生理觀點來說，心雜音的出現，是因為心臟出現異狀後產生了亂流：血液的路徑通常是直的，但是當心瓣膜或心壁出現異狀時，就會造成路徑改變，血液不再直行後，便產生亂流。

問題在於血液循環

當我們說一隻狗有心臟病，意思是說牠的心臟無法好好發揮「幫浦」功能，導致血液在血管裡流動的方向不正常，繼而引發咳嗽（參照88~89頁）、昏厥（喪失意識）或容易疲累等症狀。還好，大多數有心雜音的狗都沒有心臟病。

老化會導致心瓣膜變厚——心瓣膜是區隔心室、心房的閥門，位在心臟左邊的是二尖瓣，右邊是三尖瓣。心瓣膜變厚的原因是因為瓣葉退化，我們稱之為「瓣膜功能不全」。以狗來說，最常有問題的是二尖瓣（心臟左邊），所以叫做「二尖瓣膜閉鎖不全症候群」。

瓣膜雖然變厚了，但只要瓣膜闔上時還能緊閉的話，就不至於構成心臟病。如果這個二尖瓣闔上後，還有少量血液可以通過，這就叫做「二尖瓣逆流」，但這樣還稱不上是心臟病。

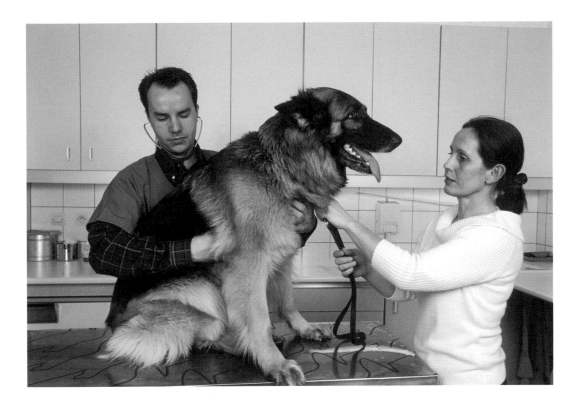

　　漸漸地這個逆流越來越大，最後當心室收縮（正常時瓣膜會合起）時，越來越多的血液沒有被輸出到大動脈（尤其是主動脈），而是回衝到心房內，這樣一來，送到各器官的血液相對地就變少了。血液裡含著氧，而氧正是細胞的燃料；如果這燃料變少了，動物自然沒有活力、容易疲憊。

　　此外，這個血液逆流狀況最後可能造成心房擴大，到那時候，狗兒就會因為支氣管受到壓迫而引發咳嗽。另外，血液鬱積也會造成肺積水，這也是引發咳嗽的原因之一。到這個時候，你的狗兒才會被宣判牠有心臟病。

　　在這整個演變過程中，從心雜音的出現，到臨床徵狀如咳嗽和疲累的發展歷程，可能經過好幾年時間。唯有經過獸醫師的詳盡臨床檢查，再配合X光和超音波，才能確定狗兒是不是有心臟病。

你知道嗎？

統計數字：「二尖瓣膜閉鎖不全」是造成狗兒心雜音的主因，公狗比較容易有這個毛病（佔70%），其中又以小型犬為甚（一半以上的病例體重都是低於10公斤）。

研究顯示，10歲的查理士王小獵犬當中，每一隻狗都有二尖瓣閉鎖不全，但其不一定全都有心臟病。

9到12歲的狗中，估計約有四分之一的狗有心雜音，12歲以上的狗則增加到三分之一。

我家老狗聾了，

怎麼辦？

　　已經有好幾個禮拜，每逢蹓狗時間，你怎麼叫你的德國狼犬都沒有用——牠動也不動，連頭都不抬一下。剛開始，你還以為是狗兒是在耍脾氣，但現在，你懷疑牠有聽力的問題……。

耳道發炎、神經系統或腦部問題

　　跟人類一樣，狗兒的聽力也會隨著年齡退化。另外，聽覺器官的任何異狀也可能造成聽力的部分受損或完全喪失，例如說耳道發炎會讓耳道裡充滿耳垢或膿液，進而影響聲音的傳達。

　　如果耳道炎不僅發生在外耳道（外耳炎），連鼓膜後的區域也都淪陷的話（中耳炎或內耳炎），那裡可是聽覺精密組織（特別是耳蝸和有名的聽小骨——鎚骨、砧骨、鐙骨）所在地，如此一來，聽力受損的情況會更嚴重。

　　當內耳產生病變後，除了會造成部分或完全耳聾的症狀，還可能會伴有歪頭、眼球移動異常、走路歪斜、無法側躺等「前庭症」的症狀。這是因為鼓膜後的前庭耳蝸神經受到了損害，而「前庭系統」主管的正是身體的平衡感。

　　神經系統一旦老化，也會波及負責聽覺的神經組織，導致聽覺漸進、不可回復地喪失。不幸的是，通常飼主發現時，動物已經完全聽不到了。

最後，如果腦部不能進行聲音的正確
整合（分析），你的狗也會有不同程度的
耳聾，如腦炎、腦瘤、腦中風或嚴重的腦
部退化等，都可能導致這種情況發生。

經驗分享

想要立即知道狗兒是不是聾了的方法，
就是在牠碗裡倒飼料。如果牠沒過來，
就再搖搖碗，如果牠還是沒有反應，那
就代表牠可能真的什麼都聽不到了。

調整你的行為去適應牠的障礙

首先你要確定狗兒真的聾了。最明顯的症狀徵兆就是，以前那些會讓牠立刻飛奔過來的聲音，如碗盤碰撞聲響、開冰箱的聲音、電話鈴響，或是大門打開的聲音等等，現在牠卻毫無反應。

如果你還不能完全肯定的話，那麼，你可以悄悄地接近牠，然後突然拍手，或是突然搖一個會響的東西，觀察牠有沒有反應，以及反應的快慢程度，就可以知道牠的聽力如何。

獸醫師診斷狗兒聽力最常用的方法，就是站在牠後面，以摩擦中指和拇指發出的響聲來觀察牠的反應。然而偵測耳聾與否，並找出問題所在，可靠的辦法只有一種，那就是「聽覺誘發電位檢查」。

這種電位生理檢查有點類似腦波圖和心電圖，利用貼在頭上的那些小電極，來測量發自在牠耳內的小耳機聲音引發的電子活動。這個測驗需要由神經學專家來執行，主要用來測試先天性耳聾，很少用來測試老狗聽力。

如果老狗已被證實聾了，也沒有任何症狀指向任一個容易辨認的耳聾起因的話（例如伴有腦瘤的抽搐或耳炎的臭味等），那麼，聽覺器官的老化就是最可能的猜測結果了。獸醫師會建議讓狗兒服用改善血液循環的藥物，如血管擴張劑可以改善缺血、缺氧狀況，有時還可以恢復些許功能。這類藥物的副作用小，頗值得一試。

如果怎麼治療都沒用的話，那麼飼主就得學著適應牠的殘障：盡量用手勢和牠溝通，還有不要突然從牠後面出現，因為在牠聽不到的情況下，牠可能會被嚇到而動口咬人。

注意！孩子在這方面的風險比成人的更大，因為前者沒有危機意識，不知道要提防狗所可能會有的反應，也就是攻擊性。帶牠上街散步時要非常小心，因為牠聽不到車子、卡車的聲音，比較容易出事或發生車禍。

最後，由於耳聾的狗會封閉自己，要用適當的遊戲去刺激牠，記得用手勢而不是跟牠講話，玩具要選用球或是其他視覺鮮明的物體，並要特別提防孩童被咬傷的危險。

白狗與耳聾

確實有先天性耳聾的存在。就定義來說，先先性耳聾會出現在幼犬身上，而且只限於某些品種，例如白色的阿根廷杜告犬和拳師犬，先天性耳聾的機率就很高。

這是因為狗兒在胚胎期時，產生黑色素（被毛顏色的根源）的黑色素細胞，它的幹細胞和內耳細胞是在同一個細胞組織裡生長；這個細胞組織若在成長過程中產生變異，就會導致黑色素細胞缺乏（白子）和（或）半側或雙側耳聾。

牠身上有腫塊，

怎麼辦？

你的貴賓狗身上到處都是疣，而且已經長了好幾年了，現在數量總共有十多個，有時接觸磨擦或狗兒舔舐時還會流血。不過，這些疣好像既不痛又不癢，所以你不知道是不是應該除去它們……。

各種增生物

這些隆起物其實是長在皮上或皮下的增生物，大小、外型和觸感可能都不同。因此，如果隆起物很小，跟皮膚相連的部分也很少，只有一根類似梗子的東西連結（我們稱它是「有柄的」）的話，那就是「疣」；如果隆起物跟皮膚相連的部分較多，直徑從幾公厘到 1、2 公分寬不等，我們稱爲「結節」；最後，如果直徑超過 2、3 公分大，就是「腫塊」。

隆起物生成的原因可能跟皮膚本身、皮下組織、皮下的脂肪或肌肉有關。此外，隆起物的性質也不一，可能是良性或惡性的組織增生（細胞數目增加）（參照 104~105 頁）、發炎（膿瘍）或囊腫（裡頭充滿液體或有腺體分泌的結節或腫塊）。

你知道嗎？

大小不是問題：通常腫瘤的大小不能用來預測腫瘤的「攻擊性」和危險性。有些只有幾釐米大小的結節極可能是極惡性，有的大到 20、30 公分的脂肪瘤卻無痛、無害，完全沒有惡性。

手術前的考量

如果隆起物的外觀非常典型的話，獸醫師可能在檢查時，就能馬上告訴你那是疣還是皮脂囊腫；如果外觀缺乏典型特徵，那麼就得做化驗來確認，並預測隆起物的發展。

化驗的方法是穿刺或組織切片：前者是獸醫師以針刺破隆起物，抽取細胞後，或自己在顯微鏡下檢視，或寄去專業實驗室做化驗。如果要取組織切片，獸醫師得先將動物局部或全身麻醉後，摘取部分或整個隆起物，再寄給動物實驗室做組織病理學切片檢查。

組織切片通常比穿刺來得可靠，因爲可以提供實驗室比較多的細胞徹底研究，尤其是在判讀良性或惡性腫瘤時，更有這樣的必要。

這個時候，如果需要全身麻醉的話，除非隆起物很大、需要動較大的手術，否則獸醫師會乾脆一次切除整個隆起物，而不是單只做切片，省得日後動物還要再被

麻醉一次以進行割除手術。

是否應動手術,有以下幾項依歸準則:

- 穿刺或組織切片的結果。
- 隆起物的數量:若數量超過七、八個,而且幾乎可以確定還會不斷冒出新的,要全數割除就很難。
- 發展速度:已經有幾年歷史的隆起物危險性,可能比那種才剛冒出來沒多久就變很大的隆起物來得低。
- 帶給牠的不便:例如,長在腳附近的良性脂肪瘤,有時就得拿掉,因為如果它會妨礙狗兒走路,就會讓狗兒跛腳。

此外,獸醫師也會一併考慮狗兒之前的病歷、年紀和健康狀況,所以假設今天要給一隻18歲的老狗,或有心臟病史的狗開刀,就很不合適。最後,飼主的意願也是不可或缺的條件,因為獸醫師雖有必要提出他所認為的最適切療法,但他絕不能把意見強加在飼主身上。

經驗分享

只要老狗身上出現了一個或是數個腫瘤,就該馬上帶牠去找獸醫。一般來說,那些腫瘤多半都是良性的,但如果是惡性的,也只有獸醫師才有辦法確診。

為什麼
牠的眼睛會變白？

你的拉布拉多犬眼睛變白了，你擔心牠就像人一樣得了白內障。放心！狗很少罹患白內障，那多半只是水晶體的正常老化而已，不會對你的夥伴視力，造成什麼嚴重影響。

水晶體硬化或白內障

當我們說狗的眼睛變白時，其實不是指整個眼睛，而是指水晶體變白。水晶體位於眼睛的中心部位，它所扮演的角色就像是鏡片，可以將影像聚焦落在視網膜上。水晶體本是透明的，這樣光線才能通過；倘若它失去了透明度，不管是部分還是全部，看起來就成了淺灰或白色的。

水晶體白化的第一種情況是本身的硬化——水晶體在狗兒年邁後，會漸漸失去水分而失去彈性。水晶體的白化只會對狗的視力造成輕微影響，所以它常被視為是一個常見的良性病變。

第二種情況是白內障——水晶體的某部分或整個完全變為混濁。在這種情況下，因為光線無法順利抵達視網膜，狗兒的視力就會有一定程度的減退。

漸進性視網膜萎縮

有些犬種如貴賓狗天生就容易得白內障，以及一種會導致漸進性失明的視網膜病變：「漸進性視網膜萎縮」。這就是為什麼在決定動白內障手術前，務必要先檢查視網膜（視網膜電圖），否則，將原本就看不見的眼睛再除去混濁的水晶體，是枉然無效的。

非必要性的治療

如果你發現狗兒眼珠中有白化的情形，請先告知獸醫師。他會對眼睛做一次簡單檢查：在直接光源下，藉由「直接眼底鏡」儀器，判定狗兒的情況是屬於良性的水晶體硬化，或是可能導致失明的白內障。

由於水晶體硬化在高齡動物身上很常見的，所以請不要遲疑，立刻帶你的狗去檢查，搞不好你什麼都不用擔心！

 經驗分享

如果發現狗的眼睛快速白化，而且喝水量又比以前多的話，就要趕快帶牠去找獸醫師，讓獸醫替牠抽血驗糖尿病。

如果檢查結果只是水晶體硬化，那麼，並不需要特別做什麼處置，因為這個發展緩慢的病症，並不會危及性命，更重要的是，它也不會嚴重妨害視力。

如果診斷結果是白內障的話，首先獸醫會幫牠驗血，檢查是否有糖尿病（參照100頁），因為，與僅見於幼犬的先天性白內障相反的是，糖尿病正是後天性白內障的頭號元兇。不幸的是，白內障並不會因為糖尿病得到治療（為了避免其他併發症出現）而有所減輕，通常還會持續惡化。

不過，如果狗為視力嚴重衰退所苦，可以透過手術來為牠恢復視力。動物的白內障手術技巧跟人的很類似，手術一定要由眼科專門獸醫師來執行，並需要做全身麻醉（參照70~71頁）。

我的狗兒得了糖尿病，
怎麼辦？

你的狗兒剛被獸醫師診斷出有糖尿病，而其實你老早就這麼懷疑了，因為這幾個禮拜以來，牠不但尿得多，而且吃喝的分量也比以前多很多。現在一切都要很小心⋯⋯。

臨床與生理性診斷

糖尿病有「臨床性」（是否有吃多、喝多、尿多的症狀，參照86~87）與「生理性」兩種診斷。所謂「生理性診斷」是指驗血及驗尿，同人類一樣，驗血是為了檢查血液中糖分增加的程度，驗尿是要驗尿糖。

糖尿病
糖尿病的定義是血裡有過多的糖分，臨床症狀有吃多、喝多與尿多的現象。

胰島素治療和低熱量飲食

控制得宜糖尿病並不會妨礙狗兒的生活，也不會影響牠和壽命長短，所以一旦發生糖尿病，一定要治療，以避免併發如嘔吐、喪失食慾、倦怠、昏迷、白內障等嚴重又發展迅速的併發症。糖尿病的治療分為藥物和食物兩方面，前者是胰島素治療，後者則是低熱量飲食。

胰島素的補充是用皮下注射的方式來進行，由飼主自己施打，每天一到兩次，如此這般，一直到狗兒生命將盡的那天為止。獸醫師會教你怎麼注射：首先用酒精消毒皮膚，再捏起一塊皮膚，把針戳進，然後打入胰島素。

食物治療這部分非常重要──獸醫師會根據狗兒習慣的飲食類型，或是提供適合的飼料，或是和你共同設計一套自製狗食食譜：高纖低卡飲食。請注意，這些改變飲食措施的前提是，儘量不要破壞狗兒原本的飲食習慣；例如，我不建議讓一隻向來以肉和蔬菜為主食的狗兒改吃低卡乾糧，因為我認為那只會讓牠拒絕進食，導致病情加重而已。

只要嚴格地執行定時注射胰島素、定期驗血，並控制飲食，糖尿病犬通常都可以恢復正常。

> **經驗分享**
> 如果你習慣給狗兒吃零食，記得要請教獸醫意見。市面上可以找到專門給糖尿病犬吃的點心餅乾。

老狗也有
高膽固醇問題嗎？

你自己會固定做血檢，查看膽固醇值是否正常，因為你知道膽固醇一旦上升，就容易引發高血壓和心血管疾病。你不知道家裡的狗是否老了也會有這方面的問題……。

可能是低甲狀腺功能症或驗血前沒有空腹

對高齡犬來說，血中的膽固醇增加（即高膽固醇血症）非常少見。會出現這種狀況，有可能是因為驗血前沒有禁食，或是因為狗兒罹患了「低甲狀腺功能症」這類內分泌疾病。

要測量狗兒的膽固醇，得先讓牠空腹一晚才行，否則會得到錯誤的數據；即便狗兒吃得並不油膩，沒有空腹測量，也可能得到極高的數值，讓人誤以為牠有高膽固醇血症。因此，若是狗兒沒有事先禁食的話，只能隔天再去醫院檢驗一次。

造成狗兒高膽固醇血症的第二種原因是甲狀腺功能低下症，意即甲狀腺分泌不足。

當獸醫師發現狗兒有高膽固醇血症時，首先會查看牠的甲狀腺素濃度，也就是「T4」的濃度。如果T4濃度真的太低，獸醫師便會補充甲狀腺素來治療狗兒。

對狗兒來說，沒有「不好的膽固醇」

對人來說，為了防止心血管疾病發生，維持正常膽固醇指數非常必要，否則跟「壞膽固醇」有關的脂肪斑塊就會在血管裡沉積，逐漸造成阻塞，容易引發「心肌梗塞」等疾病。

但是對狗來說，「壞膽固醇」幾乎是不存在的，這點正好跟人相反。所以獸醫很少藉由藥物或改變飲食等方式來降低膽固醇，而是去找出高膽固醇血症的原因，然後再加以治療。

所以，為低甲狀腺功能的狗兒補充甲狀腺素，就是讓膽固醇指數恢復正常最常用的方法。

膽固醇

狗的血液裡一樣也有膽固醇，在血液裡的運送是靠VLDL、LDL、HDL等分子。驗血可以測得膽固醇指數，但必須事先空腹一晚，這是老狗健檢的一部分。

老狗也會得
前列腺癌嗎？

有次帶你的年邁大丹狗去打預防針，你發現獸醫師在檢查牠的前列腺，可是，你並沒發現牠哪裡不對啊……。

前列腺的問題

與人類大不相同的是，「前列腺腫瘤」很少發生在狗兒身上，比較常見的是「前列腺肥大」問題，也就是「前列腺增生」。這個良性病變是因為睪丸的雄性荷爾蒙分泌旺盛造成前列腺腫大的結果，主要症狀是大小便困難，因為前列腺會壓迫到結腸，造成血尿或滴尿。

另外，狗兒也有可能會行動困難，那是因為變大的前列腺壓迫到坐骨神經的結果，可不要把這個症狀與退化性關節炎搞混了。

經驗分享

如果你家老狗在散步時，開始出現每隔10分鐘就尿一次的症狀，而且排尿都是用滴的話，你就需要帶去給獸醫師檢查一下牠的前列腺。

診斷與治療

獸醫師在檢查時會先做前列腺觸診：他會將一根手指伸入狗的肛門裡觸摸前列腺，以評估其大小、形狀、觸感和敏感度。接下來還可能會幫狗照前列腺超音波，以便能更仔細地判別外觀，看看是否有囊腫、膿瘍或腫瘤。

可惜的是，狗兒並不像人類有「血中前列腺癌標記」檢查，所以通常都要等到狗兒對前列腺增生的治療沒有產生反應，或做了前列腺組織切片檢查（很少做為第一線診斷工具）後，才發現牠有前列腺癌。

前列腺增生的治療方式，視狗兒情況有「化學性去勢」（以注射或口服的方式

給予抗雄性素藥物）和手術去勢（切除睪丸）兩種。如果有二次感染（如攝護腺炎）的情形，還要投以至少2個月的抗生素治療。

前列腺腫瘤的治療方式，若是選擇動手術，通常是把一部分或整個前列腺全數摘除，但這種手術很可能會發生尿失禁的後遺症，另外兩種選擇則是化療和放射線治療。

通常動物在被診斷出前列腺癌後，壽命已然不長，差不多只剩下3個月，但這種腫瘤極為少見。

乳房腫塊
需要開刀切除嗎？

　　只要在狗兒身上發現了腫塊（結節），就要帶牠去看獸醫，以評估腫塊屬於良性或是惡性；若結節長在乳房上，那更有必要馬上去看獸醫。這些良性或惡性腫瘤不但體積很大，而且生長速度都很快。

良、惡性腫瘤評估

　　要學會如何去分辨囊腫、脂肪瘤和最常見的乳房腫瘤，三者之間的差異如下：囊腫為質軟、裡含液體的良性結節，脂肪瘤則由脂肪所構成，有時也會長在乳房上。

　　要注意的是：「腫瘤」不一定代表「癌症」，以母狗來說，有一半的乳房腫瘤病例屬於良性，另一半為惡性，也就是有癌細胞；換句話說，有一半的乳房腫瘤不會變成癌症，所以也不會有癌細胞轉移至肺部、皮膚或腦部的問題。此外，飼主還需要知道的是，在惡性腫瘤的病例中，有一大半是只要動手術割去一個或多個乳房即可治癒。

唯一能知道乳房腫瘤有否具有「侵略性」，也就是屬於良性或惡性的方法，就是讓獸醫將它切除，再交由專門的實驗室去進行分析，此為「組織病理學分析」法。

根據分析結果，你的獸醫可能會告訴你：

- 腫瘤為良性，所以狗兒不需要做任何特別治療。
- 腫瘤為輕微惡性，也就是說它的侵略性不強，就跟良性腫瘤一樣，不需要特別治療，但需要定期追蹤那塊區域

和其他乳房。

- 腫瘤為高度惡性，所以它的侵略性極強，需要特別治療（更廣泛的手術區域、化療治療），以期延長母狗壽命。

你知道嗎？

具保護作用的結紮：早期結紮，尤其是在第一次或第二次發情前就結紮的話，可以大大降低母犬罹患乳房腫瘤的機率。這也就是說，發情與假懷孕的次數越多，得到乳房腫瘤的機率就會越高。

選擇手術治療前要先審慎考慮

通常遇到母狗乳房腫瘤的病例，獸醫師都會建議飼主動手術——因為光做組織切片無法確診，手術是唯一可以知道腫瘤是良性或惡性的方法。

不過，在確定要動刀前，還是要把「前置作業」做好，以防萬一：

- 先照肺部 X 光片，因為那裡是乳房腫瘤最容易轉移的地方。這個步驟絕不可少，因為一旦有轉移現象，就代表這個腫瘤是惡性的，手術無法治癒，再者獸醫師也從來不考慮切除狗兒的肺部病灶。
- 做術前血檢來查看母狗的健康狀況，並評估麻醉風險。血檢最主要的目的是要查看腎和肝功能指數。
- 要做病史調查，因為某些疾病可能是手術的禁忌（另一個癌症、心臟衰竭、肝衰竭、腎衰竭），要不也至少會增加麻醉風險。

所以，請務必依據肺部 X 光或驗血等簡單檢查的結果，和獸醫師共同來討論、評估好壞：看看開刀或讓腫瘤繼續生長，何者風險為大，以做出最適合狗兒的決定。

在大部分的情況下，手術是比較好的選擇；但如果當獸醫師宣告要放棄治療，或是認為手術風險太大的時候，也不要一味堅持，務必要正確評估風險才是（參照70~71頁）。

以高齡母狗來說（以貴賓雌犬來說是18到20歲），我們會以為牠所剩時日無多，腫瘤不一定會發展得那麼快，牠可能老早先走了。但這只是假設而已，因為就貴賓狗的例子來說，牠還有好幾年可活呢！

老狗的癌症可以治療嗎？

在聽到獸醫師說你的狗兒得了惡性腫瘤時，你已經做了最壞的打算⋯⋯。別那麼認命！其實，今天死於癌症的狗兒已比從前少得多，不過還是要儘快治療，好幫助牠打贏這場仗！

各種治療方法

近幾個世紀以來，動物癌症學可說有了長足的進步，特別是在影像（X光、超音波、造像攝影等）和治療（化療、放射線治療）這兩個領域上大有長進，而且箇中的不同技術也被各自應用在特定療法裡：

- 以治癒為目的的「治療性」療法（如割除脂肪瘤的手術）。
- 不以治療而以紓解疼痛或延長壽命為目的的「緩和性」療法（如切除已發生肺部轉移的乳房腫瘤、針對淋巴瘤的化療等）。
- 連結兩種療法的「輔助性」療法，以增加治癒機會，如先以手術切除某些皮膚腫瘤後，再輔以放射線治療。

一個重大決定

要讓狗兒做抗癌治療，可不是什麼隨便就可以下的決定，這是要和獸醫一起考慮、共同決定的。獸醫師會將所有治療的風險、費用和好處（剩餘壽命、治癒機會等）都分析給你聽。就我的經驗，最好家裡能做決定的人都能一起到場聆聽、了解狀況為佳。

（編註：在以前，臺灣的畜主比較在意治療費用，因此，治療費用往往是選擇治療方式的首要考量；現代人們對寵物越來越重視，獸醫師也比較可以從動物的受苦程度、術後是否良好等觀點，和畜主討論各種治療方式的可能性。）

手術

最適合進行手術的有雌犬的乳房腫瘤或公狗的睪丸腫瘤，以及皮膚腫瘤（黑色素瘤、肥胖細胞瘤等）和體內腫瘤（卵巢、肝、腎、消化道等）。

手術就是所謂的「癌症手術」，是以治療癌症為目的的手術：獸醫下刀割除腫瘤時，如果情況允許的話，會連帶把周邊幾公分的組織一併切除，以減低留下癌細胞的風險。以皮膚的肥胖細胞瘤（一種常發生在狗兒身上的皮膚腫瘤）為例，一般的安全邊緣是3公分，深度也是3公分。但如果情況不允許，就會再輔以輔助性療法（放射線治療、化療）。

化療

化療在動物癌症中的使用，越來越頻繁，而它也的確適用於多種癌症上，如皮膚、呼吸器官、消化器官、泌尿器官和乳房癌等。此外，化療對狗的副作用也不像對人類那樣那麼強、那麼嚴重——狗兒很少會掉毛，嘔吐或腹瀉的機率也不沒那麼高。

有的飼主，有時也包括獸醫，會因為一些個人經驗而不願意考慮化療——每個人的身邊可能都有親人或朋友因罹患癌症而必須做化療，而這些人就是因為害怕看到同樣的副作用也發生在他們的寵物身上，所以拒絕化療。但是你要知道，大部分的狗都能承受化療，況且化療又可讓牠舒服地延續生命，有時甚至還能完全治癒癌症。

放射線治療

這種利用游離輻射的療法，目前只有幾個專門的動物醫療中心才有（譯註：這裡指法國，台灣無），這是一種新興療法，主要適用於局部性癌症（皮膚癌、鼻腔癌等）的治療。每次療程裡的動物都需要被麻醉。最常見的是分4週做完的12次療程，它的副作用為表皮燙傷，但就像化療一樣，放射線治療對狗的副作用遠比對人類的小得多。

狗兒也會得

阿茲海默症嗎？

阿茲海默症是人類常見的神經退化性疾病，初期症狀是記憶力衰退，隨後伴隨著生活自理能力逐漸地全面喪失，最後是死亡。狗兒也有這種神經性疾病嗎？或是牠們腦部的老化另有其他方式？

認知力的喪失

狗也會喪失認知能力，只是喪失程度不一。這甚至還是人們將牠安樂死的主要原因之一，因為牠連在家裡都會有迷路，要不然就是在室內亂大小便，或晚上不睡覺等等怪異的行為。

所謂「認知」，包含了外在環境讓感官所接收到的整體資訊，以及所產生的相對應行為，例如「看到車子過來就會閃開」等等的行為，運用了視覺和聽覺兩種感官。

一般而言，老狗都會有明顯的認知功能障礙，這主要是因為牠的神經萎縮、神經細胞變少、神經細胞之間喪失了分枝和連結、神經間化學訊息的傳達變少等因素，所造成的神經功能衰退。這些神經性功能的衰退，可以藉由通過大腦中某些負責思考的區域它的血流量減少的事實而得到證明。

失去認知力的狗兒主要症狀，都是行為方面的問題：

- 迷糊：心智能力全面退化的特徵為意識模糊不清、知覺障礙、時間和空間的定向力異常、嚴重的記憶問題，還常常伴隨著焦慮的症狀。

- 失去方向感：比如說，會迷路或睡在不尋常的地方。
- 作息改變：白天睡，晚上不睡。
- 冷漠：對主人的撫摸或召喚沒反應。
- 尿失禁。

通常簡單的事還是可以做（基礎學習），但較複雜的事情就做不來了，因為較複雜的學習是由大腦「前額葉皮質區」來管理，老狗牠在學習的過程中會感到吃力，即使重複很多遍，犯的錯仍會有增無減。

有一些評估量表（心理計量量表）可將這些認知能力量化，以評估狗兒能力的減損程度。

認知能力

就定義上來說，「認知能力」是指個體學習、組織和運用資訊及知識的整體過程。

阿茲海默症

阿茲海默症是由在腦中(而非神經內)堆積的乙型類澱粉蛋白（β-amyloid），以及腦神經細胞裡所產生的束狀物質兩者所造成的；前者會以斑塊型式出現，我們稱之為「類澱粉蛋白斑塊」或「老年斑塊」，後者則稱為「神經纖維退化」。

我們在狗的腦部組織裡，同樣發現了這種乙型類澱粉蛋白（更詳細的說，是一種叫做「α β 胜肽」的小胜肽分子）的零散沉積。沉積物越多，動物的認知表現就越差，也就會變得越來越不能適應環境。此外，沉積物的沉積地點還會決定衰退的功能有哪些。

不過，在人類阿茲海默症患者身上的神經纖維退化現象，在狗身上卻看不到。所以嚴格來說，狗是沒有阿茲海默症的。

那麼，高齡犬身上所發生的神經退化和行為改變，除了那些 α β 胜肽的沉積原因外，另一個原因則是狗兒於7歲起便開始逐漸減緩的神經傳導速度——這主要是因為，神經細胞受到了我們稱為「自由基」的有毒物質攻擊的結果。當個體感到壓力和個體老化時，「自由基」分子會在氧化作用後產生，然後進入細胞裡，破壞DNA，讓它運作不良。老狗的腦因為耗氧量高，所以抗氧化機制運作有限，很容易受氧化損害，所以才要借助含抗氧化物成分的食物或藥物，以減緩腦部因高齡而產生的衰退。不過到目前為止，還沒有任何真正的科學依據能證明抗氧化物的益處。

你知道嗎？

高速傳導的神經衝動：「神經衝動」在神經間以相當快的速度傳遞，但這個速度自7歲起便開始減慢，10歲後的減緩程度可達15%，所以，在這個年紀如果發生認知衰退，可能就是這個原因。

什麼時候應該 考慮安樂死？

你的狗兒已經陪伴你多年，但現在的牠卻身患重病，你很想知道要等到出現什麼樣的症狀，才適合將牠安樂死。雖然這是個很艱難的決定，但卻是愛牠的最後一個表示。

停止折磨……

安樂死用在動物身上比用在人身上來得容易讓人接受，這並不是說在狗兒身上比較容易下這個決定，而是因爲動物安樂死是合法的，也被大家所認可。無論如何，當獸醫師在做這件事時，可不是抱著什麼愉悅的心情，即使臉上看不出來，但是要結束一隻自己照顧多年，又是主人的心肝寶貝的動物性命，總是一件令人很難過的事。

讓主人做出安樂死決定的原因有很多，但主要都是考量到是否讓動物持續受苦、罹患不治之症（癌症、心臟或腎衰竭、嚴重的退化性關節炎等）、開始大小

便失禁或因爲有兇性而變得難以照顧等等原因。

假設一隻有心臟病的老狗，原本的治療都很順利（使用血管擴張劑、利尿劑等），卻突然所有治療開始失效——當牠因肺積水問題開始咳個不停時，就要考慮安樂死了。

同樣地，如果狗兒得了癌症，牠會消瘦、沒有食慾、疼痛不堪（特別是骨瘤）或被其他症狀折磨，你也有權力縮短牠的痛苦。一隻老到無法控制括約肌的狗會大小便失禁，把自己和家裡都搞得髒兮兮，雖然這個問題有時可以得到控制，但這也要看牠的體型（貴賓狗會比德國狼犬來得容易讓人接受），還有也要看主人的容忍度而定。

獸醫師總是會遇到那種純粹只是不想要狗了，便謊稱動物罹患某種疾病，想要借我們的手替他解決問題的人；這實在有違我們的專業職責，因爲獸醫師眞正的使命是要治療動物，唯有在牠確實罹患某些疾病的情況下，才會不得已地執行安樂死。

經驗分享

有些飼主會希望參與寵物的安樂死過程，有些則不。前者是希望陪伴他們的夥伴直到最後一刻，而後者多半是認為自己無法面對牠死去的樣子。即使我認為，讓飼主親自參與過程會讓主人的罪惡感加重，但我都還是會讓飼主自己選擇。無論如何，一般認為飼主要親眼目睹牠死去後，才能開始哀悼的過程。我的建議是在你去找獸醫師前，就要先想好這個問題，而獸醫師也一定會詢問你的決定。

「適當」的時機

我總是對飼主說「一個比較不差的時機」，因為決定讓自己的寵物安樂死這件事，絕無任何「適當」可言。

其實，沒有人規定是「什麼時候」，最適當的時機得要看動物的健康狀況，還有你的個人感覺。因此，有些人是到最後完全沒有辦法了，才考慮安樂死；也有的人是絲毫不能忍受自己的狗受一丁點兒苦，而早早就下了決定。

當你或獸醫師（你絕對可以徵詢他的意見）評估牠已無法有個正常並可堪忍耐的生活時，就要考慮這個決定了。這個評估當然是主觀的，但通常都是依據一些無法忽略的臨床徵兆，所做出的決定，例如疼痛、癱瘓、缺乏睡眠或有很長一段時間拒絕進食等等。你的獸醫會認同為狗兒施行安樂死，有時也可能會建議再做一些簡單檢查，好確定你的狗兒得的不是一個容易治療的病。

當你終於跟獸醫達成共識、做好決定時，此時沒有必要再做任何等待，因為這樣只會讓自己痛苦，也讓牠持續受苦。在這種時候，我都會對飼主說表示既然已經決定了，再等下去只會後悔。而飼主常常會有「我應該早點這麼做的，害牠痛苦了這麼久……」的反應。這個決定很難下沒錯，但一定要先為你的狗著想，要問自己什麼對牠才是最好的。

溫和的死亡

執行安樂死時，獸醫師會使用高劑量的麻醉藥物（巴比妥鹽），這會讓狗的心跳瞬間停止，如此一來，在注射過程中牠已感受不到任何痛苦，而可以「安詳地」離去。

自然的悲傷

依照牠在你家中的地位，還有在每個家人心目中的地位（只是看門狗或跟大家分享一切的好伙伴），這個分離會帶給每個人程度不一的傷痛。

飼主對動物的逝去感到悲傷是很自然的事，表現的方式可能有以下幾種：最常見的是哭泣並談論著牠給自己所帶來的一切；但也有人會完全否認這件事，是怎麼樣都不肯接受事實；還有人是臉上什麼悲傷表情也沒有，表現得一副很放得開、認命的樣子。

不管你對狗兒離世的反應如何，不要遲疑，多跟身旁的人談談，這樣可幫助你宣洩情緒。倒是別理會那些一直對你說「為一隻動物難過，太白痴了」的人，因為通常他們都沒養過動物，無法了解人狗之間可以建立的感情。當你可以說出心裡的感受時，就代表你已開始那必要的「哀悼」動作，意識到了這個事實並接受了它。不過，有些人因為狗兒在他的生命中佔據了太重要的位子，以至於始終無法走出傷痛，老是忘不了牠。狗兒的死亡勢必會擾亂主人的心情，並可能因此鬱鬱寡歡，沮喪憂鬱；若是如此，建議飼主一定要去找心理或精神科醫師談談才好。

國家圖書館出版品預行編目資料

陪牠到最後——高齡犬照護指南 / 克蘿德·慕勒
(Claude Muller)作；羅偉貞譯.－初版.－臺北縣新
店市：世茂, 2009.10
　　面；　公分. --（寵物館 ； A22）
譯自：Le chien senior
ISBN 978-986-6363-04-7（平裝）

1. 犬　2. 寵物飼養　3. 獸醫學　4. 問題集

437.354022　　　　　　　　　　98012029

寵物館　A22

陪牠到最後——高齡犬照護指南

作　　　者／克蘿德·慕勒(Claude Muller)
譯　　　者／羅偉貞
主　　　編／簡玉芬
外約編輯／韓昌雲
責任編輯／謝翠鈺
出 版 者／世茂出版有限公司
負 責 人／簡泰雄
登 記 證／局版臺省業字第 564 號
地　　　址／（231）台北縣新店市民生路 19 號 5 樓
電　　　話／（02）2218-3277
傳　　　真／（02）2218-3239（訂書專線）
　　　　　　（02）2218-7539
劃撥帳號／19911841
戶　　　名／世茂出版有限公司
　　　　　　單次郵購總金額未滿 500 元（含），請加 50 元掛號費
酷 書 網／www.coolbooks.com.tw
排　　　版／辰皓國際出版製作有限公司
印　　　刷／長紅彩色印刷公司
初版一刷／2009 年 10 月

I S B N ／978-986-6363-04-7
定　　　價／300 元